现代电液控制理论
与应用技术创新

徐莉萍　著

北　京
冶金工业出版社
2019

内 容 简 介

本书系统论述了电液比例与伺服控制技术的基础理论、基本组件、系统组成及性能特点。全书共分6章，主要内容包括电液控制系统基础理论、液压放大元件及电液伺服阀和电液比例阀、电液伺服控制系统分析与设计、电液比例控制系统的分析与设计、电液控制系统的相关技术、电液控制创新应用技术。

本书可供机电控制技术、电液自动化技术等领域的工程技术人员阅读，也可供高等院校机电控制及其相关专业的师生参考。

图书在版编目(CIP)数据

现代电液控制理论与应用技术创新/徐莉萍著. —
北京：冶金工业出版社，2018.12（2019.11 重印）
ISBN 978-7-5024-7949-7

Ⅰ.①现… Ⅱ.①徐… Ⅲ.①电液伺服系统—研究
Ⅳ.①TH137.7

中国版本图书馆 CIP 数据核字（2018）第 289463 号

出 版 人 陈玉千
地　　址　北京市东城区嵩祝院北巷 39 号　邮编　100009　电话　(010)64027926
网　　址　www.cnmip.com.cn　电子信箱　yjcbs@cnmip.com.cn
责任编辑　俞跃春　贾怡雯　美术编辑　彭子赫　版式设计　禹　蕊
责任校对　卿文春　责任印制　李玉山
ISBN 978-7-5024-7949-7
冶金工业出版社出版发行；各地新华书店经销；北京中恒海德彩色印刷有限公司印刷
2018 年 12 月第 1 版，2019 年 11 月第 2 次印刷
169mm×239mm；12 印张；231 千字；181 页
75.00 元
冶金工业出版社　投稿电话　(010)64027932　投稿信箱　tougao@cnmip.com.cn
冶金工业出版社营销中心　电话　(010)64044283　传真　(010)64027893
冶金工业出版社天猫旗舰店　yjgycbs.tmall.com
（本书如有印装质量问题，本社营销中心负责退换）

前　言

电液控制技术是液压技术的一个重要分支，也是现代控制工程的基本技术要素，它融合了液压技术、微电子技术、检测传感技术、计算机控制技术及自动控制理论等实用技术与理论。通常所说的电液控制系统主要是指采用电液伺服阀（伺服变量泵）或电液比例阀（比例变量泵）构成的能实现对被控对象进行连续、实时控制的液压系统。近年来电液比例技术迅猛发展，并与伺服控制技术应用到很多工业部门和航空、航天、军事领域中。它弥补了普通液压传动系统的不足，综合了液压能传递较大功率的优越性与电子控制、计算机控制的灵活性，是一种在大中功率场合具有明显竞争优势的控制模式。

电液比例阀多用于开环液压控制系统，实现对液压参数的遥控，也可以作为信号转换与放大组件用于闭环控制系统。与手动调节和通断控制的普通液压阀相比，它能显著地简化液压系统，实现复杂程序和运动规律的控制，便于机电一体化，通过电信号实现远距离控制，大大提高液压系统的控制水平；与电液伺服阀相比，尽管其动态、静态性能有些逊色，但在结构与成本上具有明显优势，能够满足多数对动静态性能指标要求不高的场合。电液比例元件向数字化方向发展已成为液压技术领域的热点课题之一，数字液压元件与计算机连接不需要 D/A 转换器，省去了模拟量控制要求各环节间的线性和连续性。

本书论述了电液比例与伺服控制技术的基础理论、基本组件、系统组成及性能特点。全书共分 6 章，对电液比例与伺服控制中的各种控制元件、动力元件及系统的工作原理、性能特点、分析方法进行了系统的、循序渐进的阐述，并从实用的角度出发，简要介绍了系统的校正方法、实用基本回路及其应用、电液控制创新应用技术。

　　本书在撰写过程中，参考或引用了一些参考文献，在此谨向原作者表示诚挚的感谢。鉴于当今信息、通信等技术的发展迅速，有关电液控制技术的知识、理论和实践更新较快，加之作者学识水平和视野有限，书中不足和疏漏之处，敬请各位读者提出宝贵的意见和建议。

河南科技大学　徐莉萍

2018 年 8 月

目　　录

1 电液控制系统基础理论

1.1 控制类型比较及液压控制的特点

1.1.1 控制类型的比较

在没有人直接参与的情况下，使机械设备、生产过程或被控对象的某些物理量准确地按照预期规律变化，即称为自动控制，可简称为控制。例如，数控机床按预先排定的工艺程序自动加工出预期的几何形状；水轮发电机组按照给定电位器的设定通过电液伺服系统对大口径流体管道的流量自动进行连续调节；火炮根据雷达传来的信息自动改变方位角和俯仰角等。

一般情况下，很多传动和控制系统的工作部件是在调控的状态下运行的，二者不能明确区分开来。传动控制系统涉及的工作介质主要包括机械、电力、气压、液压等多种，这些不同的介质构成了不同种类的传动控制系统。其中，机械传动与控制系统是借助齿轮、链条、蜗杆、蜗轮等部件来达到传递动力和精准调控的目的；电动传统与控制系统则主要是借助电动机等设备完成工作，通过调节对应的电参数实现传递动力和精准调控的过程；气压传统与控制系统，顾名思义，就是以压缩空气为工作媒介；液压传统控制系统，则是以液体作为工作媒介，通过利用封闭环境下的液压能来完成动力、信息的传递和调控。各种传动控制方式的综合比较见表 1-1。

表 1-1 各种传动控制方式的综合比较

综合比较	液压传动与控制	气压传动与控制	机械传动与控制	电气传动与控制
机件或工作介质	有压液体	压缩空气	机械零件（齿轮、齿条等）	电力设备（电动机、电磁铁等）
输出力或转矩	大	稍大	较大	不太大
速度	较高	高	低	高
功率密度	大	中等	较大	中等
响应快速性	高	低	中等	高
定位性	稍好	不良	良好	良好

综合比较	液压传动与控制	气压传动与控制	机械传动与控制	电气传动与控制
无级调速	良好	较好	较困难	良好
远程操作	良好	良好	困难	特别好
信号变换	困难	较困难	困难	容易
直线运动	容易	容易	较困难	困难
调整	容易	稍困难	稍困难	容易
结构	稍复杂	简单	一般	稍复杂
管线配置	复杂	稍复杂	较简单	不特别复杂
环境适应性	较好，但易燃	好	一般	不太好
危险性	注意防火	几乎无	无特别问题	注意漏电
动力源失效时	可通过蓄能器完成若干动作	有余量	不能工作	不能工作
工作寿命	一般	长	一般	较短
维护要求	高	一般	简单	较高
价格	稍高	低	一般	稍高
应　用	各类响应速度快的大负载场合	小功率场合	在许多场合或逐步被其他传动控制方式所替代，或需其他传动控制方式融合才能满足主机的动作要求	在许多场合，往往与机械、气动或液压传动结合使用，作为各种传动的组成部分

1.1.2　液压控制的特点

　　液压传动与控制是研究以有压液体为能源介质实现各种机械的传动与控制的学科。通常是以液压油或其他合成液体作为工作介质，并采用各种元件组成所需要的控制回路，再由若干回路有机组合成能完成各种控制功能的传动系统进行能量的转换、传递与控制。液压控制系统响应速度高，由于液压控制系统的压力可以很高，因而执行机构的尺寸小、质量也小；由于液体压缩性小、液压弹簧刚度高，因此液压谐振频率可以很高。这便是大功率下液压控制系统的动态响应比电气控制系统高得多的原因。

　　但是在液压控制中由于系统本身受到外界的影响较大，因此描述系统的准确模型较为困难，一些文献对此进行了系统辨识以获取较为准确的系统模型，但是，由于外界干扰的情况引起的系统参数的变动，系统模型仍然不能准确得到，给液压系统的控制增加了很多困难。在液压控制系统的设计中，一般外界负载都被引入到系统的控制传递函数中，而外界负载的变化一般没有规律可循，从严格意义上说，系统是属于随动系统，因此实际设计控制器时需要对外界负载干扰采取具体控制方法处理。液压系统的滞后性使得其整个控制系统的设计增加了难度，必须采用一些先进的控制方法来处理。

1.1.3　控制类型的选择

不同的控制方式在特征、用法及使用范围等方面存在差异。随着现代化机械设备功能越来越多样化、操作越来越复杂，在决定传动控制类型时，要从整体的角度出发，综合被控制装置所处的环境和用处、结构设置、负载情况以及使用维护情况等多个方面，对控制方式的实用性、稳定性、先进性进行评估，而不应牵强地对主机所有工作机构采用某一种传动控制方式。

1.2　液压控制系统的基本原理、类型与适用场合

1.2.1　液压控制系统的基本原理

液压随动系统具有反馈控制作用，其驱动装置由液压动力元件组成，能够根据传入信息对输出量进行调节，并保持一定的精度；而且还能将功率放大，由起到放大功率的作用。

图 1-1 所示是液压伺服控制系统的原理图，液压泵为系统提供能量，通过不变的压力为系统提供油。四通控制滑阀也称伺服阀，它与液压缸组成动力装置。四通控制滑阀其实就是放大器，从力矩马达传出的信息被四通控制滑阀转变成液

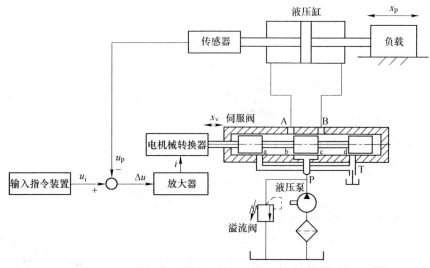

图 1-1　液压伺服控制系统原理图（半结构形式）

压信息并将功率放大，实现输出的目的。压力油的流量以信号的方式传入液压缸，液压缸执行命令，以一定的速度移动工作台形成位移，传感器与其左端相连，能够监测液压缸的位置，根据位置的变化进行反馈。

指令装置发出 u_i 信号时，u_p（反馈信号）与 u_i 通过比较计算出 Δu（误差信号），把 Δu 放大的电流 i（电信号）进一步传给力矩马达，然后力矩马达通过动力使滑阀的阀芯动起来。在操作时可以向右将阀芯移动一段距离 x_v，此时，节流窗口 b、d 会出现一个距离，x_v 和节流窗口的距离与 Δu 或者电流 i 形成比例关系。随着阀芯位移，压力油通过 P 口经过节流窗口 b 流进液压缸左腔，液压缸内的活塞杆使负载向右移动 x_p 距离，并通过反馈传感器调节误差使节流窗口缩小距离，最终实现反馈信息与指令信息的误差为 0，即 $\Delta u = 0$；之后，力矩马达再次返回零位，四通控制滑阀也返回到零位，流量输出为零，液压缸工作结束，工作台也保持平衡，液压缸接受传入信息，随之移动的工作也结束了。若加入指令信息与上述信息相反，那么四通控制滑阀就会向相反的方向运动，液压缸跟随四通控制滑阀向相反的方向运动。

上述系统采用了电气输入指令装置和反馈装置，指令信号与反馈信号都为电信号。而实际上，除了采用电气输入指令装置和反馈装置外，这些装置还可以是机械、液压、气动，或它们的某种组合。

1.2.2 液压控制系统的类型及适用场合

液压控制系统有很多类型，根据不同的方式进行分类，如图 1-2 所示。根据不同的特点来确定分类的方式，每个类型的液压控制系统具备的特色、实例及应用场合如下所述。

1.2.2.1 位置控制、速度控制及加速度控制和力及压力控制系统

液压控制系统中被控制的物理量包括速度、加速度、位置、力或者压力等。液压控制系统的类型由被控的物理量、控制对象、作用和工艺的需求所决定，有些液压控制系统能够包含两种被控制的物理量。

1.2.2.2 闭环控制系统和开环控制系统

运用反馈形式的闭环控制系统（见图 1-1），增加了检测反馈装置，使系统具备了一定的抗干扰的能力，工作中系统参数的变化不会对其造成太大的影响，提高了控制系统的精确性和反应速度，不过，不能忽视稳定性和造价方面的问题，一般应用在航空、航天设备等对系统精度要求较高的领域。对于没有安装反馈装置的控制系统，如图 1-3 所示，不需要考虑系统稳定性的因素，但是抗干扰能力差，控制系统的精度和反应速度要受到内部各个组件之间相互作用的影响，

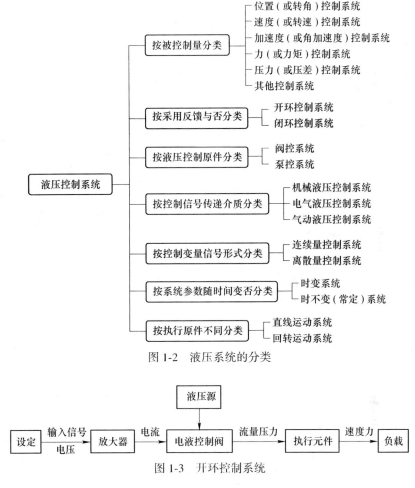

图 1-2　液压系统的分类

图 1-3　开环控制系统

控制系统的精确性有所降低，造价也相对较低，适用于对系统精度要求不高的领域。对于使用局部闭环或者开环的控制系统，可以应用在精准度要求不高、外界干扰较小、要求速度较高的领域。

1.2.2.3　阀控系统和泵控系统

阀控系统，即节流控制系统，核心部件是液压控制阀，其典型的优势是反应速度快、控制系统精准度高，但是效率不高，主要应用于中小功率的系统或者速度快、精密度高的系统。根据液压控制系统的控制阀的区别，将其分成比例控制系统、数字控制系统和伺服控制系统三类。图 1-1 所示为采用伺服阀的伺服控制系统；图 1-4 所示为电液比例控制系统的一般技术构成方块图，其中液压转换及放大器件可以是比例阀，也可以是比例变量泵。

泵控系统（容积控制系统）的工作原理是通过控制阀实现对变量液压泵的

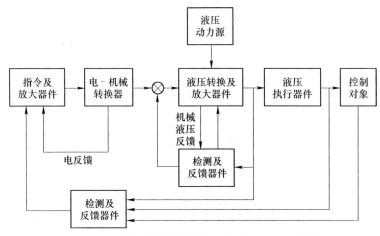

图 1-4 电液比例控制系统的一般技术构成方块图

调控，因为工作时没有节流或者溢流的损耗，能够大大提高效率，而且刚性较大，不过相应速度相对较慢，系统的结构也相对烦琐，主要应用于功率较大和响应速度低的情况。泵控系统示例如图 1-5 所示，它是一个位置控制系统。工作台由双向液压马达与滚珠丝杠来驱动，双向变量液压泵提供液压能源，泵的输出流量控制通过电液控制阀控制变量缸实现，工作台位置由位置传感器检测并与指令信号相比较，其偏差信号经控制放大器放大后送入电液控制阀，从而实现闭环控制。采用这种位置控制的设备有各种跟踪装置、数控机械、管道卷压机械及飞机等。

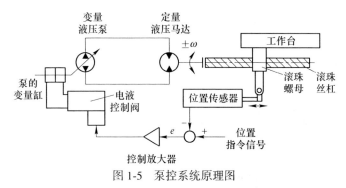

图 1-5 泵控系统原理图

1.2.2.4 机械液压控制系统、电气液压控制系统和气动液压控制系统

图 1-6 所示为机械液压控制系统（又称机液控制系统）的工作原理，液压和机械共同组成机械液压控制系统，机械构件组成了给定、比较和反馈的相关组件。系统简单、可靠性强、价格低、环境的适应性相对较强是其突出的优点；但是校正信号偏差的能力差、调整系统增益的能力不强，而且这两点都不及电气，

不适用于远距离的操作，而且反馈装置的不足对系统工作状态的影响很大。

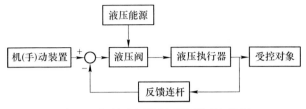

图 1-6　机械液压控制系统原理方块图

图 1-7 所示为一个典型的机械液压控制系统原理图，系统用于控制车床仿形刀架。具有某种形状的模板（俗称靠模）作为系统的输入。模板用一边有预制切口的平板做成，它与输入信号发生装置相连的触头沿着模板的边缘移动。传统的液压仿形刀架，触头直接（或通过机械杠杆）与伺服阀阀芯相连，控制刀架的液压缸也和伺服阀的阀套组成一体，当液压缸把伺服阀移到零位时，同时移动刀具，使其在工件上切削出和仿形模板的切口一样的形状。为了克服纯机械液压控制系统偏差信号的校正及系统增益的调整不便的缺陷，可以将触头连接到电子信号发生装置上［如直线位置传感器（LVDT）］，当触头扫过模板时，就产生了与其变化相应的指令信号。位置反馈传感器产生连续的反馈信号，并与指令信号相比较，所产生的误差信号控制伺服阀，伺服阀又操纵执行元件（液压缸）。由于执行元件控制着刀架或工作台，所以零件就被加工成所需的形状了。

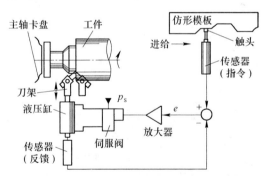

图 1-7　车床仿形刀架机液控制系统原理图

电气液压控制系统如图 1-8 所示，又称为电液控制系统，电气和液压共同组成电气液压控制系统，将电气和电子组件应用于检测信息的偏差、进行校正以及对初始信号的放大等。电液控制阀是电气液压控制系统的核心装置，电气液压控制系统根据电液控制阀种类的区别，又分类成电液伺服、电液比例系统这两大类。它们的详细分类、构成及特点见表 1-2。电液控制系统能够简单易行地测量、校正和放大信号，可以实施远距离操作，与具有快速响应和强大抗刚性的液压动力元件相组合，电气、电子和液压共同组成电液控制系统，其优点是具有普遍的适应性和灵活性很强。电液控制系统得到广泛的使用得益于电一体化技术迅速发展和计算机技术的广泛应用，其使电液控制系统一跃成为主要的液压控制系统。人们对机械装备技术水平的要求越来越高，导致电液控制系统取代了普通的液压传动系统。

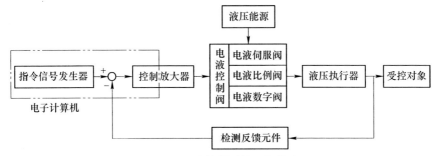

图 1-8　电液控制系统一般构成

表 1-2　电液控制系统的详细分类、构成及特点

类　型		构　成	特　点
电液伺服系统	位置系统	控制装置（伺服放大器和电液伺服阀）、执行元件（液压缸、液压马达或摆动液压马达）、反馈检测装置（传感器）、能源装置（定量泵或变量泵）	响应快、精度高。但成本较高，抗干扰能力较差
	速度系统		
	力（压力）系统		
电液比例系统	开环	控制装置（比例放大器和比例阀）、执行元件（液压缸、液压马达或摆动液压马达）、能源装置（定量泵、变量泵或比例变量泵）	可明显简化系统，实现复杂程序控制；利用电液结合提高机电一体化水平。但控制精度低
	闭环	除构成开环比例系统的装置外，还包括反馈检测装置	响应较快，精度较高、价格低廉

如图 1-9 所示，气动和液压共同组成了气动液压控制系统（气液控制系统），气动材料能够完成检测和放大系统信号的作用。气液控制系统能够在恶劣的环境中完成作业，如振动、易燃易爆、高温等环境，其结构相对简单、可靠性高；但是工作时，必须具备压力气源等装备。

1.2.2.5　连续量控制系统和离散量控制系统

连续量控制系统中各变量均为时间的连续函数；离散量控制系统中某些变量是用脉冲调制形式表达的。当采用电液数字阀时必然是离散控制系统。用计算机控制电液伺服阀或电液比例阀的控制系统实质上也是离散的控制系统，是采用脉

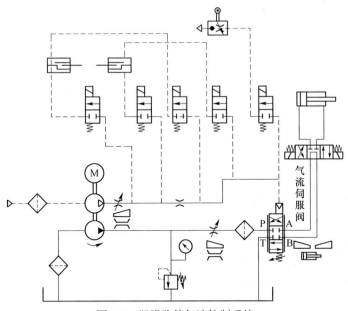

图 1-9 塑膜跑偏气液控制系统

幅调制形式进行控制的系统。

1.2.2.6 时变系统与时不变系统

时变与时不变（定常）系统由控制系统本身决定。时变系统如运行中的导弹由于燃料消耗使自身质量随时间而变化、机械手在运动过程中随着位置不同转矩也随之变化等。这种系统的分析和控制都比较困难，一般情况下可按时不变系统考虑。

1.2.2.7 直线运动控制系统和回转运动控制系统

按照执行元件不同，液压控制系统可分为直线运动控制系统和回转运动控制系统。前者以液压缸作为执行元件，后者以液压马达或摆动液压马达作为执行元件。

液压缸是一种实现直线运动常用的执行元件，由于配置方便，不但用于一维控制，还经常用于二维、三维控制。如图 1-10 所示，采用三组伺服阀 2、液压缸1 及传感器 3，在仿形铣床上，x 及 z 方向的液压缸运动就是工作台的纵向和横向进给，y 方向的液压缸运动即为升降台的升降运动，从而实现立体形状仿形加工。

但进行位置控制、速度控制并不一定都要采用液压缸作为执行元件，为了满足负载力矩和负载速度的要求，或减小负载惯量的影响以提高液压固有频率，或将旋转运动转变为直线运动，经常采用液压马达作为执行元件。工程上许多极精密的系统均是采用液压马达与滚珠丝杠来驱动的。液压马达的控制精度可达几分

之一转，滚珠丝杠能使控制精度进一步提
高。液压马达与滚珠丝杠结合在一起使用，
可使直线位置的控制精度在千分之一毫米以
内或更小。

　　现代机械设备的运动日趋复杂化，如计
算机控制的数控机械加工设备，有的需要实
现五维运动（ x 、 y 、 z 再加两个平面运动），
为此，采用五组电液控制阀控制的液压执行
元件（液压缸和液压马达），每一组为实现
一个方向的运动控制的完整的控制回路。这
种多执行元件控制系统多采用计算机进行控

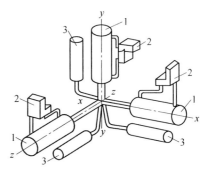

图 1-10　液压缸用于三维控制
1—液压缸；2—伺服阀；3—传感器

制，其指令信号通过计算机编程产生，但最终将以直流电压信号形式送至控制阀
的电气-机械转换器上，使阀芯移动，液压油液通向执行元件，使刀具或工件运
动，完成复杂工件的加工。

1.3　电液控制系统的基本组成及特点

1.3.1　电液控制系统的基本组成

　　电液控制系统与其他类型液压控制系统的基本组成类似。不论其复杂程度如
何，都可分解为一些基本元件。

　　（1）输入元件。输入元件顾名思义，是能够指令把信号传递给系统输入设
备的装置，又称为指令信号，包括信号发生器、计算机、指令电位器等设备。

　　（2）比较元件。比较元件又称为比较器，比较输入信号和反馈信号的差异，
发出偏差信号。比较信号是集中元件组装而成，一般不会是一个元件，比较功能包
括比较输入信号和反馈信号、发出偏差信号、板卡具有校正和发送功能。图 1-11
所示的计算机电液伺服/比例控制系统，其输入指令信号的产生、偏差信号的形成、
校正，即输入元件、比较元件和控制器（校正环节）的功能都由计算机实现。

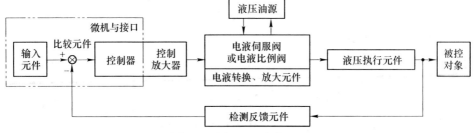

图 1-11　计算机电液伺服/比例控制系统的组成

（3）放大转换元件。放大转换元件用于放大偏差信号，还可起到转换能量的作用，通过压力或者流量等液压量的形式向执行装置输送，能够控制执行装置的工作。一般的放大转换元件包括数字阀、伺服阀和比例阀等。

（4）检测反馈元件。被控制量被检测，反馈元件将检测的结果形成反馈信号，将输入信号与反馈信号进行比较，形成反馈控制。一般的反馈元件包括速度、位移或者压力等各类传感器。

（5）液压执行元件。液压执行元件接受指令，按照程序设定好的动作操控被控制的对象进行工作，完成指令任务。一般的液压执行元件包括液压马达、液压缸等元件。

（6）被控对象。被控对象与液压执行元件执行部件相连接，一起进行工作和完成指令任务的元件。一般的被控对象包括负载工作台。

上述部件都是电液控制系统的基本组成部件，遇到特殊要求时，还要进行串联校正和部分反馈环节，以增强电液控制系统的控制性能。液压油源和一些辅助的设备都是系统运转的必须元件。

例如，电液位置伺服控制系统由输入元件、比较元件、校正环节、放大转化器、液压执行元件、反馈元件和被控对象等构成。其中输入元件有 D/A 转换器和计算机装置，比较元件是加法器，校正环节是装有某种控制系统的程序电路，放大转化器是电压和伺服放大器，液压执行元件就是液压伺服缸，反馈元件是位移传感器，被控对象是负载。

1.3.2　电液控制系统的特点

以油液为介质的电液控制系统，属于液压系统范畴，同样具有下列液压系统的优点。

（1）具有质量相对较小的单位功率和相对较大的力-质量比。液压元件的力-质量比和功率-质量比都相对较大，所以这些元件在整合时所占体积小，质量也不会很大、具有良好的加速性能。例如，优质的电磁铁能产生的最大力大致为 $175N/cm^2$，即使昂贵的坡莫合金所产生的力也不超过 $215.7N/cm^2$，而液压缸的最大工作压力可达 $3200N/cm^2$，甚至更高。资料显示，功率相同时，液压马达的质量是普通电动机的 1/10~1/5，尺寸大小是普通电动机的 12%~13%；液压马达的功率-质量比是普通电动马达的 10 倍，液压马达的功率-质量比一般在 7000W/kg 左右，电动机的功率-质量比也就是 700W/kg 左右，为何电动机的功率-质量比这么低呢？因为磁饱和对其有很大制约。

（2）具有较快的响应速度，因为液压动力元件具有较大的力-质量比，所以液压控制系统具有强大的加速能力，控制负载平台启动、制动和方向时，安全性强，很稳当。比如，时间方面，普通的电动机加速的时间为几秒，相同功率的液压马达仅仅需要10%的时间就能加速到同等水平。油液具有较大的体积弹性模量，导致将油液压缩成液压弹簧时，具有很强的刚度，又因为惯量相对较小，所以形成较高的液压固有频率，最终提高了响应速度。液压系统的响应速度是具有同等水平的压力和相同负载的气动系统的响应速度的50倍左右。

（3）具有较强的负载刚度，负载对输出位移或者输出转角的影响力很低，液压控制系统的速度-负载刚度比较大，所以定位很精准，控制时具有较高的精度。因为液压有很高的固有频率，因此液压控制系统，尤其是电液控制系统的开环放大指数可以有大幅度的调整，这使得其具有很高的精准度和灵敏的反应速度。除此之外，因为油液不能压缩，不容易发生泄漏，所以液压控制系统动力部件无论是在速度方面，还是位置方面其刚度都比较大。与传统的发电机相比，液压马达的速度刚度比其增加5倍左右，液压马达的位置刚度也是电动机无法比拟的。所以，电动机只能用于构建闭环控制系统，液压马达则可以在开环控制系统中使用。如果应用闭环位置控制系统，那么位置刚度要比闭环控制系统高很多。对于气动系统来说，因为受到气体压缩性能的干扰，其刚度只能达到液压系统刚度的1/400。

（4）液压油所具备的润滑功能，可以帮助散热，让组件的使用时间更长。

（5）便于根据机器装备的要求，通过管道的连接完成能量的传导和分配；可通过储能器完成液压能的保存和系统的减振；同时，也便于进行过载保护和调控。

除了以上一般液压系统都具有的优点外，需要特别指出的是，由于电液控制系统引入了电气、电子技术，因而兼有电控和液压技术两方面的特长。系统中偏差信号的检测、校正和初始放大采用电气、电子元件来实现；系统的能源用液压油源，能量转换和控制用电液控制阀完成。它能最大限度地发挥流体动力在大功率动力控制方面的长处和电气系统在信息处理方面的优势，从而构成了一种被誉为"电子大脑和神经+液压肌肉和骨骼"的控制模式，在很多工程应用领域保持着有利的竞争地位。该控制模式对中大型功率、要求控制精度高、响应速度快的工程系统来说是一种较理想的控制模式。

由于电液控制系统中电液转换元件自身的特点，电液控制系统也存在以下缺点。

（1）电液控制阀的制造精度要求高。精度要求不仅使制造成本高，而且对工作介质即油液的清洁度要求也很高，一般都要求采用精细过滤器。

（2）油液的体积弹性模数会随温度和空气的混入而发生变化，油液的黏度也会随油温变化。这些变化会明显影响系统的动态控制性能，因此，需要对系统进行温度控制和严格防止空气混入。

（3）同普通液压系统一样，如果元件密封设计、制造或使用不当，容易造成油液外漏，污染环境。

（4）因为系统的诸多过程都具有非线性的特点，所以系统设计及分析的环节工序比较烦琐；通过液压完成信号的传导、监测和处理没有电气方便。

（5）液压能源的获得不像电控系统的电能那样方便，也不像气源那样容易储存。

1.4 电液控制技术的发展和应用研究

在 20 世纪中期以后，电液控制技术得到了广泛的推广和发展，电液控制技术是液压技术的组成部分，在自动控制行业发挥着重要的作用。

在液压控制技术中，机液伺服控制是比较传统的方式之一，最早应用在海军舰艇的操舵设备中，或者作为飞机的助力装置，操控飞机舵面。1940 年，电液伺服系统首次出现在飞机上，不过，当时的电液转换器主要是由一台微型的电动机操控滑阀来完成的。因伺服电动机的时间常数很大，导致系统不能使用很高的频率，这直接减慢了电液伺服系统的反应速度。随着整个工业技术的发展，对于伺服操作系统的反应速度提出了更高的要求，尤其是在导弹控制方面，要求电信号对伺服系统的反应速度要异常灵敏，故而促进了快速电液伺服控制系统的研究和开发。到了 20 世纪中叶，永磁力矩马达问世，其特点是响应速度快。电液伺服阀是由力矩马达和滑阀组成，电液伺服阀大幅度提高了响应速度。20 世纪 50 年代后期，电液伺服阀问世，其核心部件是喷嘴挡板阀，使电液的转换速度大大提升。进入 20 世纪 60 年代，随着技术的提高和升级，电液伺服阀开始出现新的结构，其功能大大提升。随后电液比例阀出现，其特点是安全稳定、价格较低，操作过程的精度和相应速度基本符合工业数控阀的要求。在计算机普遍应用之后，电液数字控制阀的出现实现了控制阀与计算机的连接。20 世纪 90 年代以后，电液控制系统的理论知识和实践应用方面都全面发展起来。

随着技术的不断发展、进步，现代液压控制技术体系更加完整，如电液伺服控制、电液比例控制和电液数字控制技术。如今，在武器自动化和工业自动化领域中，电液控制技术极其重要，其可应用于大功率、响应速度快和精确度高的工作中，而且已经经过了实践的检验，在国防工业中的应用有高射火炮的跟踪系统、飞机与导弹的飞行控制系统、舰艇的舵机操作与减摇鳍控制、坦克武器的稳定系统等；在飞行器的地面模拟设备中的应用有负载模拟器、六自由度飞行模拟台、大功率振动台等。在民用工业领域中的应用有机床数控领域、冶金领域、轧机液压压下控制、建筑机械、特种车辆的转向系统、矿山机械等方面，这些都涉及电液控制技术。

21 世纪信息网络技术发展迅速，知识愈发重要，在全球化的背景下，生物技术、信息技术和纳米技术等高精尖技术迅速发展，科学成果也很多。电液控制技术也要顺应时代的发展，不断发展升级，提升装置和设备的功能，使生产元件能够符合市场的要求。为了满足社会和工程对电液控制技术的要求，电液控制技术应依托机械制造、材料工程、微电子、计算机、数学、力学及控制科学等方面的研究成果，进一步探索新理论、引入新技术，发挥自身优势、弥补现行不足，扬长避短、不断进取。纵观电液控制技术的发展历程，挑战与机遇并存，他山之石可以攻玉，改革创新方能发展。电液控制技术必将进一步朝着高压化、集成化、轻量化、数字化、智能化、机电一体化、高精度、高可靠性、节能降耗和绿色环保的方向持续发展。

2 液压放大元件及电液伺服阀和电液比例阀

2.1 液压放大元件及其功用特点分析

液压放大元件的主要特征是以机械运动控制流体动力，这种配件又被称为液压放大器。主要的工作原理是将输入的机械信号转换为液压信号，输出能量。因此也有另一种名称，即为能量转换元件。这种元件在整个液压系统中不可或缺。用它将能量进行转换，不仅结构简单，而且功率密度较大、可靠性高，对整个工作起到了促进作用，如今已广泛应用。液压放大元件通常包括先导级阀和功率级主阀，这种液压放大器，如果配置的是单级阀门则没有先导级阀，前导阀门又被称为前置级，是将机械量转化为液压力驱动主要功率，之后再转化为流量或者压力进行疏导传送。喷嘴挡板阀、射流管阀和滑阀是液压放大元件常见的结构形式，经常与电气-机械转换器及检测反馈机构一起构成电液伺服阀或电液比例阀。

2.2 滑阀静态特性的一般分析、受力分析与输出功率

2.2.1 滑阀静态特性的一般分析

压力与流量特性的差即为滑阀的静态特性，以稳态情况下为前提，阀的负载流量 q_L、负载压力 p_L 和滑阀位移 x_v 三者之间的关系用公式 $q_L = f(p_L, x_v)$ 表示。这个公式代表着滑阀的工作能力和性能比，可计算出整个液压系统的工作程序。在静态特征的条件下，将系数与参数对比，呈现曲线表达。这样可以从实际出发，也可以用压力与流量方程的差来解析。

这一节虽然是以滑阀为例进行分析，但分析的方法和所得的一般关系式对以后几节介绍的各种结构的控制阀也是适用的。

2.2.1.1 滑阀压力-流量方程的一般表达式

如图 2-1 所示，四边滑阀及其等效的液压以四个液阻为变量，在此基础上建立四臂可变的全桥。通过每一桥臂的流量为 $q_i(i = 1, 2, 3, 4)$；通过每一桥臂的压降为 $p_i(i = 1, 2, 3, 4)$；q_L 表示负载流量；p_L 表示负载压降；p_s 为供油压力；q_s 为供油流量；p_0 为回油压力。

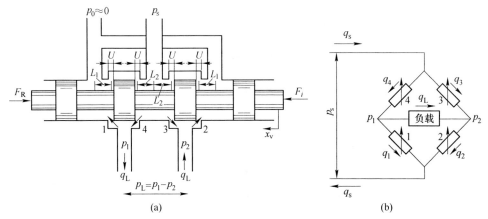

图 2-1　四边滑阀及等效桥路

以推导压力-流量方程为前提，可做出以下猜想：

（1）液压能源为理想的恒压源，供油压力 p_s 设为常数，假设回油压力 p_0 为 0，若与此相反，则可将 p_s 看成是供油压力与回油压力之差。

（2）在忽略阀腔内压力损失与管道的摩擦条件下，由于两者的压力损失与阀口处的节流损失相比差值极小，则可为零。

（3）整个不可压缩性的液体是假定情况。在稳态条件下，若液体密度变化量较小，则可忽略不计。

（4）若每个截流口的流量系数均为常数，可得出 $C_{d1} = C_{d2} = C_{d3} = C_{d4} = C_d$。

根据桥路的压力平衡可得：

$$p_1 + p_4 = p_s \tag{2-1}$$

$$p_2 + p_3 = p_s \tag{2-2}$$

$$p_1 - p_2 = p_L \tag{2-3}$$

$$p_3 - p_4 = p_L \tag{2-4}$$

根据桥路的流量平衡可得：

$$q_1 + q_2 = q_s \tag{2-5}$$

$$q_3 + q_4 = q_s \tag{2-6}$$

$$q_4 - q_1 = q_L \tag{2-7}$$

$$q_2 - q_3 = q_L \tag{2-8}$$

各桥臂的流量方程为：

$$q_1 = g_1 \sqrt{p_1} \tag{2-9}$$

$$q_2 = g_2 \sqrt{p_2} \tag{2-10}$$

$$q_3 = g_3 \sqrt{p_3} \tag{2-11}$$

$$q_4 = g_4 \sqrt{p_4} \tag{2-12}$$

式中，

$$g_i = C_d A_i \sqrt{\frac{2}{\rho}} \tag{2-13}$$

节流口的液导为 g_i。当在流量系数 C_d 和液体密度 ρ 为定量时，开口面积 A_i 也随着变化，此原理定义为阀芯位移的函数，以节流口的几何形状为变化核心。

若以四边滑阀和已确定的使用条件为基本定量，且以已知参数 g_i 和 p_s 为前提。推导恒压源的数值，可使用压力-流量方程，忽略式（2-5）和式（2-6），去除 p_i 和 q_i，可得出负载流量 q_L、负载压力 p_L 和阀芯位移 x_v 之间的数值关系。

$$q_L = f(x_v, p_L) \tag{2-14}$$

许多方程在进行解答时是十分复杂烦琐的，这是由于各个方程的流量是非线性的，一般公式是无法将其简化解出。在此时，可以利用特殊条件简化方程。从而使匹配和对称的窗口进行计算。

$$g_1(x_v) = g_3(x_v) \tag{2-15}$$

$$g_2(x_v) = g_4(x_v) \tag{2-16}$$

$$g_2(x_v) = g_1(-x_v) \tag{2-17}$$

$$g_4(x_v) = g_3(-x_v) \tag{2-18}$$

式（2-15）和式（2-16）表示阀是匹配的，式（2-17）和式（2-18）表示阀是对称的。

对于匹配且对称的阀，通过桥路斜对角线上的两个桥臂的流量是相等的，即

$$q_1 = q_3 \tag{2-19}$$

$$q_2 = q_4 \tag{2-20}$$

这个结论可证明如下：如果 $q_4 \neq q_2$，假设 $q_4 > q_2$，则 $q_3 < q_1$，由式（2-15）、式（2-16）、式（2-9）~式（2-12）和式（2-3）、式（2-4）可得 $p_4 > p_2$ 及 $p_4 < p_2$，显然这两个结论是矛盾的，所以 q_4 不能大于 q_2。同样 q_4 也不能小于 q_2，只能是 $q_4 = q_2$，同理可以证明 $q_1 = q_3$。

将式（2-9）和式（2-11）代入式（2-19），考虑到式（2-15）的关系，可得 $p_1 = p_3$。同样 $p_2 = p_4$。因此匹配且对称的阀通过桥路斜对角线上的两个桥臂的压降也是相等的。将 $p_1 = p_3$ 代入式（2-2）得：

$$p_s = p_1 + p_2 \tag{2-21}$$

将式（2-21）与式（2-3）联立解得：

$$p_1 = \frac{p_s + p_L}{2} \tag{2-22}$$

$$p_2 = \frac{p_s - p_L}{2} \tag{2-23}$$

这说明，对于匹配且对称的阀，在空载（ $p_L = 0$ ）时，与负载相连的两个管

道中的压力均为 $\dfrac{1}{2}p_s$。当加上负载后，一个管道中的压力升高恰等于另一个管道中的压力降低值。

在恒压源的情况下，由式（2-7）、式（2-20）、式（2-9）、式（2-10）、式（2-22）、式（2-23）可得负载流量为：

$$q_L = g_2\sqrt{\frac{p_s - p_L}{2}} - g_1\sqrt{\frac{p_s + p_L}{2}} \tag{2-24}$$

或

$$q_L = C_d A_2\sqrt{\frac{1}{\rho}(p_s - p_L)} - C_d A_1\sqrt{\frac{1}{\rho}(p_s + p_L)} \tag{2-25}$$

对式（2-5）或式（2-6）做类似的处理，可得供油流量：

$$q_s = g_2\sqrt{\frac{p_s - p_L}{2}} + g_1\sqrt{\frac{p_s + p_L}{2}} \tag{2-26}$$

或

$$q_s = C_d A_2\sqrt{\frac{1}{\rho}(p_s - p_L)} + C_d A_1\sqrt{\frac{1}{\rho}(p_s + p_L)} \tag{2-27}$$

这两个公式在后面将要用到。

2.2.1.2　滑阀的静态特性曲线

静态特征曲线也可表示阀的静态特征。由许多实验可得出对于理想滑阀也可以通过解析方法来得到解答。

A　流量特性曲线

当负载压力等于常数时，可以探究负载流量与阀芯位移之间的关系。表示为 $q_L|_{p_L = 常数} = f(x_v)$。由整个流量特性曲线可以得出阀的流量特性。而当负载压为零时特性就可表现空载流量特性，如图 2-2 所示。

B　压力特性曲线

当负载压力等于常数时，可以探究负载流量与阀芯位移之间的关系。$p_L|_{q_L = 常数} = f(x_v)$ 代表压力特性曲线。压力特性的定义是指负载流量 $q_L = 0$ 时的压力特性，其曲线如图 2-3 所示。

C　压力-流量特性曲线

当阀门芯位移 x_v 确定，阀的压力-流量特性曲线呈现出负载流量 q_L 与负载压降 p_L 的关系，这一特性曲线，从阀的稳定特性出发，表现出整个阀系统的工作最大能力和规格，也可确定出所需要的压力和流量，即为最大位移的压力与流量曲线所呈现的图形。可满足负载的需求，由此特性图线可以得出整个阀的工作原理。

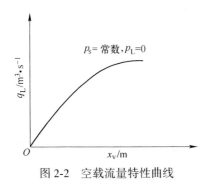

图 2-2　空载流量特性曲线

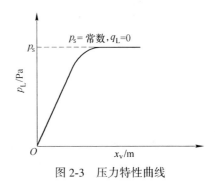

图 2-3　压力特性曲线

2.2.1.3　阀的线性化分析和阀的系数

整个阀的工作原理是将系统进行动态分析合成的。阀的压力-流量特性是非线性的，可以把它在某一特定工作点 $q_{LA} = f(x_{vA}, p_{LA})$ 附近展成台劳级数。

$$q_L = q_{LA} + \frac{\partial q_L}{\partial x_v}\bigg|_A \Delta x_v + \frac{\partial q_L}{\partial p_L}\bigg|_A \Delta p_L + \frac{\partial^2 q_L}{\partial^2 x_v}\bigg|_A \Delta x_v^2 + \frac{\partial^2 q_L}{\partial p_L^2}\bigg|_A \Delta p_L^2 + \cdots \quad (2\text{-}28)$$

若忽略高阶无穷小，便将工作范围定在 A 附近，由式（2-28），可以得出：

$$q_L - q_{LA} = \Delta q_L = \frac{\partial q_L}{\partial x_v}\bigg|_A \Delta x_v + \frac{\partial q_L}{\partial p_L}\bigg|_A \Delta p_L \quad (2\text{-}29)$$

压力与流量方程公式成线性化表达，以此定义三个系数，得出公式：

$$K_q = \frac{\partial q_L}{\partial x_v}$$

阀的流量增益表示负载压降一定时，单位阀位移所引起的负载流量变化的大小。它是流量特性曲线在某一点的切线斜率。流量增益表示负载压降一定时，阀单位输入位移所引起的负载流量变化的大小。得出的数值越大对于流量的控制性就越强，而流量与压力的系数也可用式（2-30）表示：

$$K_c = -\frac{\partial q_L}{\partial p_L} \quad (2\text{-}30)$$

在对压力与流量曲线的斜线斜率做研究时，可以将 ∂q_L、∂p_L 两者作为负值，对于任何结构来说。两者的系数一直为正值，若两者系数为定值时，则负载压降变化所引起的大小即为附带流量变化大小。当 K_c 值变小时，阀的力度变大，则能力变大。

从动态角度来看，这是一种阻力现象，由于负载能力加大，所以系统的流量会减小。这会帮助整个系统运营的阻力减小，有利于增加灵敏度，可用式(2-31)表示：

$$K_p = \frac{\partial q_L}{\partial x_v} \quad (2\text{-}31)$$

斜率引起特性变化,压力增益是指 $q_L = 0$ 单位输出所引起的负担能力变化大小。数值越大则控制灵敏度越高。

因为 $\dfrac{\partial q_L}{\partial x_v} = -\dfrac{\partial q_L / \partial x_v}{\partial q_L / \partial p_L}$,阀的三个系数的关系为:

$$K_p = \frac{K_q}{K_c} \tag{2-32}$$

定量阀的系数,压力-流量特性的表达公式为:

$$\Delta q_L = K_q \Delta x_v - K_c \Delta p_L \tag{2-33}$$

阀的三个系数是通过阀静态特征来表达的三种性能参数。这些性能参数是以系统稳定性为前提,将响应特性和误差列为重要因素,从而影响系统的增益性,提高系统的稳定性等。若整个系数影响阀控执行元件,则对系统有一定的影响力。

压力增益表示阀控执行元件组合起动大惯量或大摩擦力负载的能力。若阀的系数值随着工作地点的变化而变化,重要因素变化为 $q_L = p_L = x_v = 0$ 。如果反馈系统在原点附近,阀的流量增益最大,从而得出系统的开环增益也最高。若压力系数与流量差值最小,则系统的阻尼系数最低,可以看出,对于系统的稳定性影响最深。

整个系统是否能稳定工作取决于工作地点的稳定性。因此在做系统分析时要以原点的静态为放大参数作为整个系统的性能点。在原点处的阀系数称为零位阀系数,分别用 K_{q0} 、 K_{c0} 、 K_{p0} 表示。

2.2.2　滑阀受力分析

操纵滑阀阀芯运动需要有很多因素作为变量,其中惯性力、摩擦力、受液动力、弹性力和意外负载能力均影响整个系统的运动能力。阀芯的运动阻力大小是整个操纵元件的重要因素。要对阀的受力进行主要分析,需进行整个阀运动的液动力大小分析。

2.2.2.1　作用在滑阀阀芯上的液动力

流经滑阀时的速度大小和方向会产生变化。这是由于重量对于阀芯产生的反作用力,该反作用力被定义为液动力,又分为稳态和瞬态两种。稳态液动力与开口量成正比,瞬态液动力与滑阀开口量变化率成正比。

稳态液动力不仅使阀芯运动的操纵力增加,并能引起非线性问题;瞬态液动力在一定条件下能引起滑阀不稳定。所以在滑阀设计中应考虑液动力问题。

A　稳态液动力

a　稳态液动力的计算

稳态液动力计算公式:

$$F_s = F_1 = \rho q v \cos\theta \tag{2-34}$$

将阀口开度一定的稳定流动作为前提，探究液流对阀芯的反作用力。可用动量定理求得稳态轴向液动力的大小，如图2-4所示。

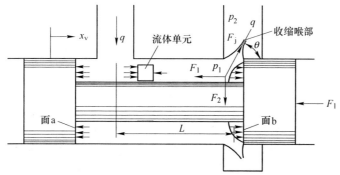

图2-4 滑阀的液动力

由伯努利方程可求得阀口射流最小断面处的流速为：

$$v = C_v \sqrt{\frac{2}{\rho} \Delta p} \qquad (2\text{-}35)$$

式中，C_v 为速度系数，一般取 $C_v = 0.95 \sim 0.98$；Δp 为阀口压差，$\Delta p = p_1 - p_2$。

通过理想矩形阀口的流量为：

$$q = C_d W x_v \sqrt{\frac{2}{\rho} \Delta p} \qquad (2\text{-}36)$$

将式（2-35）、式（2-36）代入式（2-34）得稳态液动力为：

$$F_s = 2 C_v C_d W x_v \Delta p \cos \theta = K_f x_v \qquad (2\text{-}37)$$

式中，K_f 为稳态液动力刚度，$K_f = 2 C_v C_d W x_v \Delta p \cos \theta$。

对理想滑阀，射流角 $\theta = 69°$。取 $C_v = 0.98$，$C_d = 0.61$，$\cos 69° = 0.358$，则可得：

$$F_s = 0.43 W \Delta p x_v = K_f x_v \qquad (2\text{-}38)$$

这就是常用的稳态液动力计算公式。

对滑阀系统进行研究，由于射流角 θ 总是小于90°，致使稳态液动力的方向受到阀口关闭的方向的作用。在阀口压差 Δp 一定时，阀口压差的大小随着阀的开口量的增加而加大。因此它与阀的作用力十分相似，均是由液体流动所引起的一种弹性力。

实际滑阀的稳态液动力受径向间隙和工作边圆角的影响。径向间隙和工作边圆角使阀口过流面积增大。射流角减小，从而使稳态液动力增大，特别是在小开口时更为显著，使稳态液动力与阀的开口量之间呈现非线性。

b 零开口四边滑阀的稳态液动力

零开口四边滑阀在运作时，2个串联的阀口会同时工作，每个阀口的压降

$\Delta p = \dfrac{p_s - p_L}{2}$，总的稳态液动力表现为：

$$F_s = 0.43W(p_s - p_L)x_v = K_f x_v \tag{2-39}$$

式中，K_f 为滑阀的液动力刚度，$K_f = 0.43W(p_s - p_L)$。

应当注意，稳态液动力是随着负载压力 p_L 变化而变化的，在空载（$p_L = 0$）时达到最大值，其值为：

$$F_{s0} = 0.43Wp_s x_v = K_{f0} x_v \tag{2-40}$$

式中，K_{f0} 为空载液动力刚度，$K_{f0} = 0.43Wp_s$。

由式（2-39）可知，只有当负载压力 p_L 为常数时，稳态液动力才与阀的开口量 x_v 成比例关系。当负载压力变化时，稳态液动力将呈现出非线性。

稳态液动力一般都很大，它是阀芯运动阻力中的主要部分，下面通过一个数值来说明。一个全周开口、直径为 1.2×10^{-2} m 的阀芯，在供油压力为 140×10^5 Pa 时，空载液动力刚度 $K_{f0} = 2.27 \times 10^5$ N/m；在阀芯最大位移为 5×10^{-4} m 时，空载稳态液动力为 $F_{s0} = 114$ N，其值是相当大的。人们曾研究出一些补偿或消除稳态液动力的方法，但没有一种是很理想的。原因是制造成本高，而且不能在所有流量和压降下完全补偿，又容易使液动力出现非线性，因此用得不多。在电液伺服阀中，由于受力矩马达输出力矩的限制，稳态液动力阻碍了伺服阀的输出功率，只有当两级伺服阀同时工作，并利用第一级阀提供一个足够大的力去驱动第二级滑阀，才可解决问题。

c　正开口四边滑阀的稳态液动力

图 2-1 所示的正开口四边滑阀有 4 个节流窗口同时工作，总液动力等于 4 个节流窗口所产生的液动力之和。在图 2-1 中，规定阀芯向左移动为正，并规定与此方向相反的液动力为正，反之为负。则总的稳态液动力为：

$$F_s = 0.43[A_4(p_s - p_1) + A_2 p_2 - A_1 p_1 - A_3(p_s - p_2)] \tag{2-41}$$

假定阀是匹配和对称的，则有：

$$A_1 = A_3 = W(U - x_v) \tag{2-42}$$

$$A_2 = A_4 = W(U + x_v) \tag{2-43}$$

可得：

$$F_s = 0.86W(p_s x_v - p_L U) \tag{2-44}$$

空载（$p_L = 0$）时的稳态液动力为：

$$F_s = 0.86p_s x_v \tag{2-45}$$

从式（2-45）可以看出，正开口四边滑阀的空载稳态液动力是零开口四边滑阀的 2 倍。

B　瞬态液动力

a　瞬态液动力公式

由图 2-4 可知，在阀芯运动过程中，阀口的流量变化是由开口量决定的，随时间的推移，阀腔内液流速度发生变化，其动量变化对阀芯产生的反作用力就是瞬态液动力，可以用式（2-46）得出大小。

$$F_t = \frac{d(mv)}{dt} \qquad (2-46)$$

式中，m 为阀腔中的液体质量；v 为阀腔中的液体流速。

假定液体是不可压缩的，则阀腔中的液体质量 m 是常数，所以：

$$F_t = m\frac{dv}{dt} = \rho L A_v \frac{dv}{dt} = \rho L \frac{dq}{dt} \qquad (2-47)$$

式中，A_v 为阀腔过流断面面积；L 为液流在阀腔内的实际流程长度。

对阀口流量公式求导并代入式（2-47），忽略压力变化率的微小影响，可得瞬态液动力为：

$$F_t = C_d W L \sqrt{2\rho\Delta p}\,\frac{dx_v}{dt} = B_f \frac{dx_v}{dt} \qquad (2-48)$$

式中，B_f 为阻尼系数。

$$B_f = C_d W L \sqrt{2\rho\Delta p} \qquad (2-49)$$

瞬态液动力随着阀芯的移动速度的增加而加大，起黏性阻尼力的作用。阻尼系数 B_f 与长度 L 有关，称长度 L 为阻尼长度。瞬态液动力的方向可根据瞬态液动力的方向始终与阀腔内液体的加速度方向相反的原理。如果瞬态液动力的方向与阀芯移动方向相反，则瞬态液动力起正阻尼力的作用，阻尼系数 $B_f > 0$，阻尼长度 L 为正，如图 2-5（a）所示；如果与其相反，则起负阻尼力的作用，阻尼系数 $B_f < 0$，阻尼长度 L 为负，如图 2-5（b）所示。

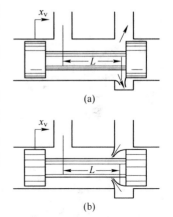

图 2-5 滑阀的阻尼长度

b 零开口四边滑阀的瞬态液动力

图 2-6 所示为理想零开口四边滑阀。

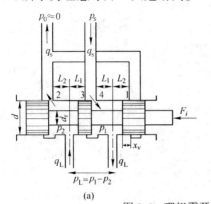

(a)

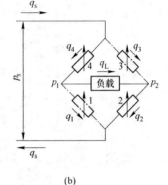

(b)

图 2-6 理想零开口四边滑阀

如图 2-6 所示，L_2 是正阻尼长度，L_1 是负阻尼长度，阀口压差 $\Delta p = \dfrac{p_s - p_L}{2}$，利用式（2-48）可求得零开口四边滑阀的总瞬态液动力为：

$$F_t = (L_2 - L_1) C_d W \sqrt{\rho(p_s - p_L)} \frac{dx_v}{dt} = B_f \frac{dx_v}{dt} \qquad (2\text{-}50)$$

式中，B_f 为阻尼系数。

$$B_f = (L_2 - L_1) C_d W \sqrt{\rho(p_s - p_L)} \qquad (2\text{-}51)$$

当 $L_2 > L_1$ 时，$B_f > 0$，是正阻尼；当 $L_2 < L_1$ 时，$B_f < 0$，是负阻尼。负阻尼对阀工作的稳定性不利。为保证阀的稳定性，应保证 $L_2 \geqslant L_1$，实际上是一个通路位置的布置问题。瞬态液动力的数值一般很小，因此不可能利用它来作为阻尼源。

c　正开口四边滑阀的瞬态液动力

如图 2-4 所示，L_2 是正阻尼长度，L_1 是负阻尼长度，利用式（2-48）分别求出四个节流阀口的瞬态液动力，然后将它们相加得阀的总瞬态液动力为：

$$F_t = L_2 C_d W \sqrt{2\rho(p_s - p_1)} \frac{dx_v}{dt} + L_2 C_d W \sqrt{2\rho(p_s - p_2)} \frac{dx_v}{dt} - L_1 C_d W \sqrt{2\rho p_2}$$

$$\frac{dx_v}{dt} - L_1 C_d W \sqrt{2\rho p_1} \frac{dx_v}{dt}$$

将 $p_1 = \dfrac{p_s + p_L}{2}$，$p_2 = \dfrac{p_s - p_L}{2}$ 代入上式并加以整理得：

$$F_t = (L_2 - L_1) C_d W \sqrt{\rho} \left[\sqrt{p_s - p_L} + \sqrt{p_s + p_L} \right] \frac{dx_v}{dt} = B_f \frac{dx_v}{dt} \qquad (2\text{-}52)$$

式中，$B_f = (L_2 - L_1) C_d W \sqrt{\rho} \left[\sqrt{p_s - p_L} + \sqrt{p_s + p_L} \right]$，空载（$p_L = 0$）时，$B_f = 2(L_2 - L_1) C_d W \sqrt{\rho p_s}$，它是零开口四边滑阀的 2 倍。

2.2.2.2　滑阀的驱动力

根据阀芯运动时的力的平衡方程式，可得阀芯运动时的总驱动力：

$$F_i = m_v \frac{d^2 x_v}{dt^2} + (B_v + B_f) \frac{dx_v}{dt} + K_f x_v + F_L$$

式中，F_i 为总驱动力；m_v 为阀芯及阀腔油液质量；B_v 为阀芯与阀套间的黏性摩擦系数；B_f 为瞬态液动力阻尼系数；K_f 为稳态液动力刚度；F_L 为任意负载力。

在实际的计算过程中必须将阀的驱动装置以及运动部件、阻尼和弹簧刚度等因素列入计算范畴，并且将本身的质量问题和弹簧问题作为相应的辅助因素。在许多情况下，阀芯驱动装置的上述系数可能比阀本身的系数还要大。另外，驱动装置还必须有足够大的驱动力储备，这样才有能力切除可能滞留在节流窗口处的脏物颗粒。

单边滑阀和双边滑阀一般多用于机液伺服系统中，操纵阀芯运动的机械力比较大，驱动阀芯运动不会有什么问题。所以，有关这些阀的驱动力不再讨论。

2.2.3 滑阀的输出功率

在整个液压系统的运作中滑阀经常会将功率放大，从而使经济指标与输出功率和效率受到相应的影响。但在伺服系统中，效率问题相对来说是比较次要的，特别是在中、小功率的伺服系统中。因为在液压伺服系统中，效率是与负载量息息相关的，随着负载量的变化而产生变化，所以负载量在很大程度上会影响效率的大小。然而整个系统的效率无法保持在恒定的高度，所以为了控制系统的稳定性、速度和精确性，对于负载量的关注要超过效率的关注，为了这些生产指标必须要将一部分效率作为牺牲品。

下面研究零开口四边滑阀的输出功率和效率问题。设液压泵的供油压力为 p_s，供油流量为 q_s，阀的负载压力为 p_L，负载流量为 q_L，则阀的输出功率（负载功率）为：

$$N_L = p_L q_L = p_L C_d W x_v \sqrt{\frac{1}{\rho}(p_s - p_L)} = C_d W x_v \sqrt{\frac{p_s}{\rho}} p_s \frac{p_L}{p_s} \sqrt{1 - \frac{p_L}{p_s}} \quad (2\text{-}53)$$

或

$$\frac{N_L}{C_d W x_v p_s \sqrt{\frac{p_s}{\rho}}} = \frac{p_L}{p_s} \sqrt{1 - \frac{p_L}{p_s}} \quad (2\text{-}54)$$

其无因次曲线如图 2-7 所示。

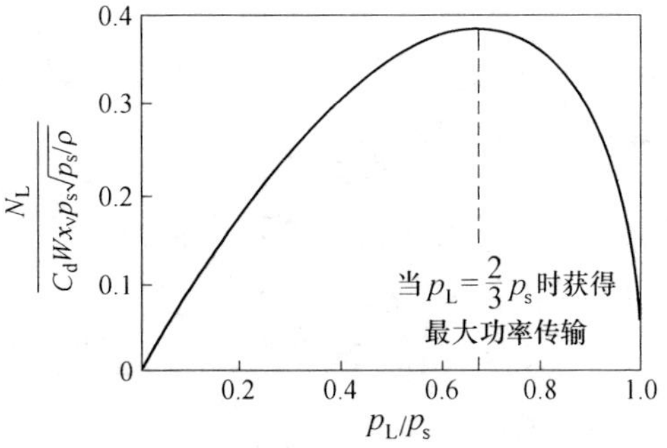

由式（2-54）和图 2-7 可见，当 $p_L = 0$ 时，$N_L = 0$，$p_L = p_s$ 时，$N_L = 0$。

通过 $\frac{dN_L}{dp_L} = 0$，可求得输出功率最大值时的 p_L 值为：

$$p_L = \frac{2}{3} p_s \quad (2\text{-}55)$$

阀在最大开度 x_{vm} 和负载压力

图 2-7 负载功率随负载压力变化曲线

$p_L = \frac{2}{3} p_s$ 时，输出功率最大为：

$$N_{Lm} = \frac{2}{3\sqrt{3}} C_d W x_{vm} \sqrt{\frac{p_s^3}{\rho}} \quad p_L = \frac{2}{3} p_s \quad (2\text{-}56)$$

　　液压系统的工作效率和液压能源以及管路损失都息息相关。以下分析整个管路的压力损失变化。将供油压力设为自变量，可以调节它的供油流量 q_s，以此来满足负载流量 q_L 的需求，这是在变量泵供油 $q_s = q_L$ 为定性条件的情况下得出的：

$$\eta = \frac{(p_L q_L)_{max}}{p_s q_s} = \frac{\frac{2}{3} p_s q_s}{p_s q_s} = \frac{2}{3} = 0.667 \tag{2-57}$$

　　采用变量泵供油时，因为不存在供油流量损失，因此这个效率也是滑阀本身所能达到的最高效率。

　　以一定量阀作为能源，可以得出最大的供油流量等同于最大的负载流量 q_{Lmax}。可以求出最大功率时的最高效率为：

$$\eta = \frac{(p_L q_L)_{max}}{p_s q_s} = \frac{\frac{2}{3} p_s C_d W x_{vm} \sqrt{\dfrac{p_s - \frac{2}{3} p_s}{\rho}}}{p_s C_d W x_{vm} \sqrt{\dfrac{p_s}{\rho}}} = 0.385 \tag{2-58}$$

　　在这个效率中，滑阀本身会有一定的损失，而且还会有溢出和流失的损失，也就是供油流量的损失，而此时整个液压系统的效率也会降低，但是由于整个系统的结构较为简单，成本不高且维护起来较为方便，所以在较小功率系统中仍然受到了广泛的欢迎。

　　上述分析结果表明，在 $p_L = \frac{2}{3} p_s$ 时，输出功率最大，整个系统的效率最高，由此将 $p_L = \frac{2}{3} p_s$ 作为阀的设计负载压力。限制 p_L 值的另一个原因是在 $p_L \leq \frac{2}{3} p_s$ 的范围内，流量的增加和降低与流量压力系数的增大，会影响到整个系统的性能，所以才会将两者控制为 p_L 限制在 $\frac{2}{3} p_s$ 的范围内。

2.3　喷嘴挡板阀的静态特性与结构参数确定

2.3.1　结构原理及特点

　　喷嘴挡板阀通过改变喷嘴与挡板之间的相对位移来改变液流通路开度的大小以实现控制，具有结构简单、体积和运动部件质量小、无摩擦、所需驱动力小、灵敏度高等优点。特别适用于小功率系统，在多级液压放大元件中，常用作二级前置放大级。其主要缺点是零位泄漏流量大、负载刚性差、输出流量小、节流孔及喷嘴的间隙小（0.02~0.06mm）易堵塞、抗污染能力差。

喷嘴挡板阀有单喷嘴和双喷嘴两种结构形式，从单喷嘴挡板阀的结构原理图 2-8 所表示的原理中可以看出整个系统是由固定节流孔、喷嘴和挡板三者构成，喷嘴与挡板间的环形面积构成了可变节流口，用于控制固定节流孔与可变节流孔之间的压力 p_c。由于单喷嘴阀是三通阀，故只能用于控制差动液压缸。控制压力 p_c 与负载腔（缸的大腔）相连，供油压力 p_s（恒压源）与缸的小腔相连。当挡板与喷嘴端面的间隙变小时，受到可变液阻的影响，整个节流孔的流量减小，压力也有所降低，所以控制压力 p_c 会增大，使整个运动正常运行；相反则与之相悖。为了减小油温变化的影响，固定节流孔通常做成短管形的，喷嘴端部近于锐边形的。图 2-8（b）所示为双喷嘴挡板阀，这种挡板阀室由两个较为简单的单一结构组合在一起进行工作，这两种单一结构的双喷嘴是使用四种通阀组成的，故既可用于控制对称液压缸，也可用于控制液压马达。

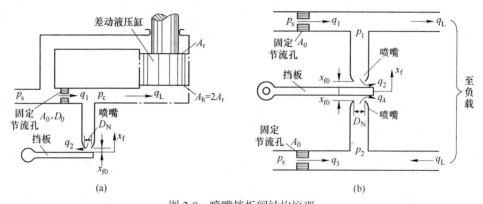

图 2-8 喷嘴挡板阀结构原理

（a）单喷嘴挡板阀；（b）双喷嘴挡板阀

2.3.2 静态特性

2.3.2.1 单喷嘴挡板阀的静态特性

A 压力特性

压力特性是指切断负载（$q_L = 0$）时，控制压力 p_c 随挡板位移 x_1 的变化特性。根据液流连续性可得负载流量为：

$$q_L = q_1 - q_2 = C_{d0}A_0\sqrt{\frac{2}{\rho}(p_s - p_c)} - C_{df}A_f\sqrt{\frac{2}{\rho}p_c}$$

$$= C_{d0}\frac{\pi}{4}D_0^2\sqrt{\frac{2}{\rho}(p_s - p_c)} - C_{df}\pi D_N(x_{f0} - x_f)\sqrt{\frac{2}{\rho}p_c} \qquad (2-59)$$

式中，q_1 为供油流量；q_2 为回油流量；C_{d0}、A_0、D_0 为固定节流孔的流量系数、通流面积、直径；C_{df}、A_f 为可变节流口的流量系数、通流面积；D_N 为喷嘴孔直径；x_{f0} 为挡板与喷嘴之间的零位间隙；x_f 为挡板偏离零位的位移。

令 $q_L = 0$ 即可得以下压力特性方程并画出阀的压力特性曲线。

$$\frac{p_c}{p_s} = \left[1 + \left(\frac{C_{df}A_f}{C_{d0}A_0} \right)^2 \right]^{-1} \tag{2-60}$$

式（2-60）可改写为：

$$\frac{p_c}{p_s} = \left[1 + a^2 \left(1 - \frac{x_f}{x_{f0}} \right)^2 \right]^{-1} \tag{2-61}$$

此式表明，p_c 除了随 x_f 而变，且和 α（表达式见下文）有关，解 $\dfrac{\mathrm{d}}{\mathrm{d}\alpha}\left(\dfrac{\mathrm{d}p_c}{\mathrm{d}x_1} \bigg|_{x_f = 0} \right) = 0$ 可求得最高零位灵敏度点为：

$$\alpha = \left(\frac{C_{df}A_{f0}}{C_{d0}A_0} \right) = \frac{C_{df}\pi D_N x_{f0}}{C_{d0}A_0} = 1 \tag{2-62}$$

即此时零位灵敏度最高，灵位控制压力为：

$$p_{s0} = \frac{1}{2} p_c \tag{2-63}$$

在此点，不仅零位压力灵敏度最高，而且控制压力 p_c 能充分地调节，另由图 2-9 可见，在 $|x_f| \leqslant x_{f0}$ 时，$p_s \leqslant p_c \leqslant p_s$。故一般将式（2-63）作为设计准则，按此准则，要求单喷嘴挡板阀控制的差动液压缸活塞两侧的面积比为 2 : 1。

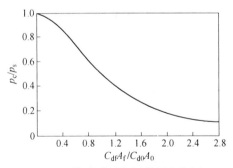

图 2-9　单喷嘴挡板阀的压力特征

B　压力-流量特性

将式（2-62）代入式（2-59）可得压力-流量特性方程为：

$$\frac{q_L}{C_{d0}A_0 \sqrt{\dfrac{2}{\rho} p_s}} = \sqrt{1 - \frac{p_c}{p_s}} - \left(1 - \frac{x_f}{x_{f0}} \right) \sqrt{\frac{p_c}{p_s}} \tag{2-64}$$

其特性曲线如图 2-10 所示。阀的零位阀系数见表 2-1。阀的零位泄漏流量为：

$$q_c = C_{df} \pi D_N x_{f0} \sqrt{\frac{p_s}{\rho}} \tag{2-65}$$

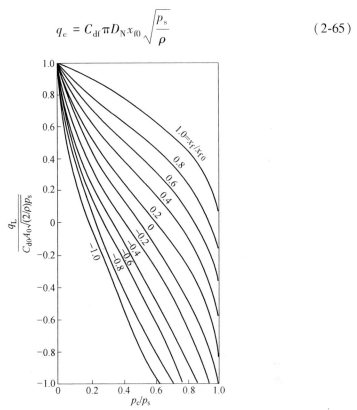

图 2-10　单喷嘴挡板阀的压力-流量特性

表 2-1　零位阀系数

零位阀系数	单喷嘴挡板阀在零位时 （ $x_f = q_L = 0$, $p_{c0} = \frac{1}{2}p_s$ ）	双喷嘴挡板阀在零位时 （ $x_f = q_L = p_L = 0$, $p_1 = p_2 = \frac{1}{2}p_s$ ）
流量增益	$k_{q0} = \left.\dfrac{\partial q_L}{\partial x_f}\right|_0 = C_{df}\pi D_N \sqrt{\dfrac{p_s}{\rho}}$	$k_{q0} = \left.\dfrac{\Delta q_L}{\Delta x_f}\right|_{\Delta p = 0} = C_{df}\pi D_N \sqrt{\dfrac{p_s}{\rho}}$
流量压力系数	$k_{c0} = \left.\dfrac{\partial q_L}{\partial x_f}\right|_0 = \dfrac{2C_{df}\pi D_N x_{f0}}{\sqrt{\rho p_s}}$	$k_{c0} = \left.\dfrac{\partial q_L}{\partial p_L}\right|_{\Delta x_f = 0} = \dfrac{C_{df}\pi D_N x_{f0}}{\sqrt{\rho p_s}}$
压力增益 （压力灵敏度）	$k_{p0} = \left.\dfrac{\partial q_L}{\partial x_f}\right|_0 = \dfrac{p_s}{x_{f0}}$	$k_{p0} = \left.\dfrac{\Delta p_c}{\Delta x_f}\right|_{\Delta q_L = 0} = \dfrac{p_s}{x_{f0}}$

2.3.2.2　双喷嘴挡板阀的静态特性

A　压力特性

双喷嘴挡板阀在挡板偏离零位时，两喷嘴腔的控制压力值相反，在切断负载（ $q_L = 0$ ）时，每个喷嘴腔控制压力 p_c 可根据式（2-61）求得。在满足式（2-63）的设计准则时，可求得 p_1 和 p_2 分别为：

$$\frac{p_1}{p_s} = \frac{1}{1 + \left(1 - \dfrac{x_f}{x_{f0}}\right)^2} \tag{2-66}$$

$$\frac{p_2}{p_s} = \frac{1}{1 + \left(1 + \dfrac{x_f}{x_{f0}}\right)^2} \tag{2-67}$$

两式相减即得压力特性方程：

$$\frac{p_L}{p_s} = \frac{p_1 - p_2}{p_s} = \frac{1}{1 + \left(1 - \dfrac{x_f}{x_{f0}}\right)^2} - \frac{1}{1 + \left(1 + \dfrac{x_f}{x_{f0}}\right)^2} \tag{2-68}$$

压力特性曲线如图 2-11 所示。

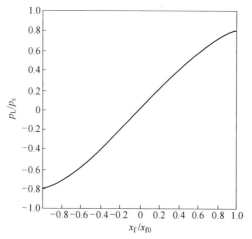

图 2-11　双喷嘴挡板阀的压力特性

B　压力-流量特性

根据液流连续性可得负载流量：

$$q_L = q_1 - q_2 = C_{d0}A_0\sqrt{\frac{2(p_s - p_1)}{\rho}} - C_{df}\pi D_N(x_{f0} - x_f)\sqrt{\frac{2p_1}{\rho}} \tag{2-69}$$

$$q_L = q_4 - q_3 = C_{df}\pi D_N(x_{f0} + x_f)\sqrt{\frac{2p_1}{\rho}} - C_{d0}A_0\sqrt{\frac{2(p_s - p_1)}{\rho}} \tag{2-70}$$

利用式（2-62）则以上方程可简化为：

$$\frac{q_L}{C_{d0}A_0\sqrt{\frac{p_s}{\rho}}} = \sqrt{2\left(1 - \frac{p_1}{p_s}\right)} - \left(1 - \frac{x_f}{x_{f0}}\right)\sqrt{\frac{2p_1}{p_s}} \tag{2-71}$$

$$\frac{q_L}{C_{d0}A_0\sqrt{\frac{p_s}{\rho}}} = \left(1 + \frac{x_f}{x_{f0}}\right)\sqrt{\frac{2p_2}{p_s}} - \sqrt{2\left(1 - \frac{p_2}{p_s}\right)} \tag{2-72}$$

将这两个方程与关系式合并：

$$p_L = p_1 - p_2 \tag{2-73}$$

结合起来就完全确定了双喷嘴挡板阀的压力-流量曲线。但这些方程不能用简单的方法合成一个关系式。可用下述方法做出压力-流量曲线，选定一个 x_f，给出一系列 q_L 值，然后利用式（2-71）和式（2-72）分别求出对应的 p_1 和 p_2 值，再利用式（2-73）的关系就可以画出压力-流量特性曲线如图 2-12 所示。与图2-10的单喷嘴挡板阀的压力-流量曲线相比，其压力-流量曲线的线性度好，线性范围较大，特性曲线对称性好。

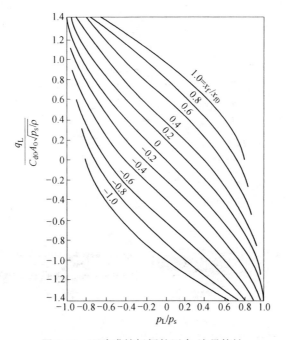

图 2-12　双喷嘴挡板阀的压力-流量特性

　　由零位附近工作时的压力-流量方程的线性化表达式可得到阀的零位阀系数（见表 2-1）。阀的零位泄漏流量为：

$$q_c = 2C_{df}\pi D_N x_{f0}\sqrt{\frac{p_s}{\rho}} \tag{2-74}$$

　　在单喷嘴挡板阀相应关系式中可以得出，当两者流量增益一致时，压力灵敏度会在原有基础上翻倍，但也使零位泄漏流量增大了 1 倍。双喷嘴挡板阀具有因温度和供油压力变化而产生的零漂小（零位工作点变动小），及挡板在零位时所受的液压力和液动力是平衡的优点。

2.3.3　主要结构参数的确定

　　喷嘴孔直径 D_N 可根据系统要求的零位流量增益（见表 2-1）确定喷嘴孔直径，即

$$D_N = \frac{K_{q0}}{C_{df}\pi D_N\sqrt{\dfrac{p_s}{\rho}}} \tag{2-75}$$

　　通常，D_N 在 0.3~0.8mm 之间选取。

　　喷嘴挡板的零位间隙 x_{f0}，若控制喷嘴孔与挡板间的环形节流面积节流孔并排除流量饱和的情况，通常取 $\pi D_N x_{f0} \leqslant \dfrac{1}{4}\dfrac{\pi D_N^2}{4}$，即

$$x_{f0} \leqslant \frac{D_N}{16} \tag{2-76}$$

　　为了提高压力灵敏度和减小零位泄漏流量，x_{f0} 应取小些，但过小又易产生污染堵塞现象。通常，x_{f0} 在 0.025~0.125mm 之间选取。

　　固定节流孔直径 D_0，当 D_N 和 x_{f0} 确定后，在流量系数 C_{d0}、C_{df} 已知并取 $\dfrac{p_{c0}}{p_s}$ $= \dfrac{1}{2}$ 时，按式（2-60）可得 D_0 的计算式为：

$$D_0 = 2\sqrt{\frac{C_{df}}{C_{d0}}D_N x_{f0}} \tag{2-77}$$

　　若喷嘴端部为锐边时 $C_{df}/C_{d0} = 0.8$，取 $x_{f0}/D_N = 1/16$，可得：

$$D_0 = 0.44D_N \tag{2-78}$$

　　其他参数，当喷嘴孔端面壁厚与零位系数之比 $1/x_{f0} < 2$ 时，则可变节流口是锐边的，节流口出流可认为较为稳定，流量系数 C_{df} 为 0.6 左右。喷嘴前端斜角应大于 30°，此时它对流量系数影响不大。喷嘴孔长度 L_N 与直径 D_N 数值一致。

固定节流孔的长径比 $L_0/D_0 \leqslant 3$，属短孔且有少量长孔成分，其流量系数 C_{d0} 一般为 $0.8 \sim 0.9$。初步设计时，可取 $C_{df}/C_{d0} = 0.8$。

2.4 射流管阀的结构原理及应用

2.4.1 结构原理

射流管阀式射流管系统中的核心元件与电气部分和液压部分产生桥梁作用，更是一种连接的纽带，也可以转换成更大的功率来输出，它承载着各种各样的负载压力，进行位置的控制以及速度的控制等。这种射流管系统的运用在相关领域占有不可小视的地位，其工作性能更是与液压源密切相关。

射流管阀是根据动量原理工作的，主要是由接收器和射流管组成。其工作原理就是使射流管围绕中心开始转动，分别与液压缸相连，在液压源的动力下，产生旋转，发出功率。在没有信号接入时，射流管对弹簧保持中立位置，有两个接收孔来接收功能信号。当两个接收孔的压力恢复并检测到信号输入时，会偏离中心位置，使两个接收管接收的动能不再一致，两者从相反方向接收信号，这就是这种液压缸活塞运动的工作原理，如图 2-13 所示。

从射流管喷出的射流有两种，包括淹没射流和非淹没射流。非淹没射流是指射流通过空气来到接收器表面，接收器将空气中带有的气体分裂成含有雾气的气流，并转化为功率；淹没射流是指射流经过相同密度的液体到达接收器的表面，但是不会出现分裂空气的现象，也不会将空气接入到接收器中而产生效率。所以相比较而言，淹没射流式是更为普遍采用的一种技术手段。无论是淹没射流还是非淹没射流，一般都是紊流，射流质点除有轴向运动外还有横向流动。射流与其周围介质的接触表面有能量互换，有很多的介质分子会随着射流一起产生运动，一起分解互换，这样一来，就使整个射流的品质而有所下降，由于介质分子射流的作用使射流从表面开始向中心流入。如图 2-14 所示，射流刚离开喷口时，射流中有一个速度等于喷口速度的等速核心，等速核心区随喷射距离的增加而减小。根据圆形喷嘴紊流淹没射流理论可以算出，当射流距离 $l_0 \geqslant 4.19 D_N$ 时，等速核心区消失。为了充分利用射流的动能，一般使喷嘴端面与接收器之间的距离 $l_c \leqslant l_0$。

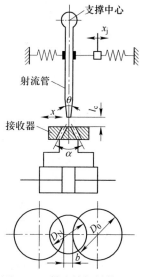

图 2-13　射流管阀结构原理

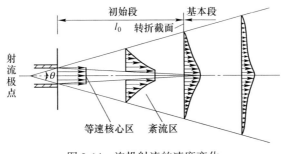

图 2-14　淹投射流的速度变化

2.4.2　射流管阀的应用

射流管的喷嘴与接收器之间的距离较大，使整个工作流管不易堵塞且抗污染能力较强，而可靠性很高，这也是射流管阀的最大优点之一。其压力恢复系数和流量恢复技术也比普通的流管较为优越，在 70% 以上，甚至高达 90%。

其缺点是性能不易计算，特性很难预计，设计时往往需要借助试验；运动零件惯量较大，故动态响应不如喷嘴挡板阀；若喷嘴与接收孔间隙过小，则接收孔的回流易冲击射流管而引起振动；零位泄漏量及功耗较大；油液黏度变化对阀的影响较为深远，对于性能影响最为严重；温差影响较大；且这种阀对于抗污染能力有着特殊的要求。常用作两级伺服阀的前置放大级，既可用作前置放大元件，又可作小功率系统的功率放大元件。

2.5　电液伺服阀的主要性能参数与选择

2.5.1　主要特性及性能参数

电液伺服阀是系统中至关重要的一种组织原件。这种元件，与普通的相比而言，结构更加完备、精确和复杂。而性能根据工作产品的质量也有所不同，阀的性能取决于标准的参数以及复杂程度等。电液伺服阀的性能参数可通过理论计算得到，其在工作的准确程度上远远超过普通的性能组织原件。

2.5.1.1　静态特性

电液伺服阀的特性主要包括负载流量特性、流量特性以及压力特性，这些特性是根据稳定工作条件下各种系统运行产生的一系列参数指标得到。分别可以用特性方程、特性曲线和阀系数三种方式获得。

A　特性方程

电液伺服阀通常包括反馈机构、液压放大元件以及机械转换器三部分，通过与流体力学、刚体力学和电磁学相联系，可得出基本公式，得到各个环节的工作原理。

如图 2-15 所示的典型两级力反馈电液伺服流量阀（先导级为双喷嘴挡板阀、功率级为零开口四边滑阀），其滑阀位移 $x_v = K_{xv} i$，则其负载流量（压力-流量特性）方程：

$$q_L = C_d W x_v \sqrt{\frac{1}{\rho}(p_s - p_L)} = C_d W K_{xv} i \sqrt{\frac{1}{\rho}(p_s - p_L)} \qquad (2\text{-}79)$$

式中，K_{xv} 为伺服阀增益（取决于力矩马达结构及几何参数）；i 为力矩马达线圈输入电流。

由式（2-79）可知，电液流量伺服阀的负载流量随着功率级滑阀位移的增加而增加，而功率级滑阀的位移与输入电流成正比，故电液流量伺服阀的负载流量与输入电流关系也成正比。

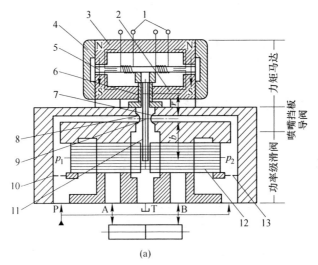

(a)

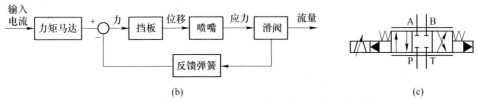

(b)　　　　　　　　　　　　　　　　(c)

图 2-15　喷嘴挡板式两级力反馈型电液伺服阀

(a) 结构原理图；(b) 原理方块图；(c) 图形符号

1—线圈；2—下导磁体；3—上导磁体；4—永久磁铁；5—衔铁；6—弹簧管；7, 8—喷嘴；
9—挡板；10, 13—固定节流孔；11—反馈弹簧杆；12—主滑阀阀芯

B　特性曲线及静态性能指标

通过特性方程所得到的曲线特性可以反映出静态指标参数。而从这些参数就

可以研究阀的静态特征。

a　负载流量特性曲线

负载流量特性曲线是一种完全不同的抛物线曲线，由不同的电流所对应的流量和负载压力成关系的曲线，阐述了伺服阀的静态特性。但要测得这组曲线却相当麻烦，特别是在零位附近很难测出精确的数值，而伺服阀却正好是在此处工作的。所以这些曲线主要用来确定伺服阀的类型和估计伺服阀的规格，以便与所要求的负载流量和负载压力相匹配。

电液伺服阀是由额定压力和电流，以及流量三者共同决定的。额定的流量是指在特定的压力下得出相应额度的电流负载流量，通常阀的额定流量等同于额定压力，也就是在供油压力 2/3 的条件下得出的额定流量为最大的输出功率。额定压力定义为工作条件情况下的压力，以此来定义额定的供油压力。额定电流即为额定流量，是指产生额定流量对线圈任一极性所规定的输入电流（单位为 A），规定额定电流时，必须规定线圈的连接方式（单线圈连接、并联连接或差动连接），当串联连接时，其额定电流为上述额定电流之半。

b　空载流量特性曲线

空载流量特性曲线是流量电流的输入与额定电流相比较得出的差异值，使输出流量形成连续变化的曲线如图 2-16 所示。它是在给定的伺服阀压降和零负载压力下，输入电流在正负额定电流之间作一完整的循环，输出流量点形成的完整连续变化曲线（以下简称流量曲线）。通过流量曲线，可以得出电液伺服阀的性能参数。

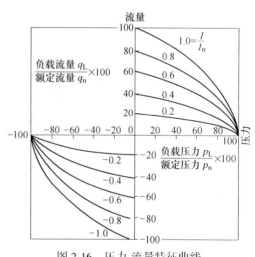

图 2-16　压力-流量特征曲线

而这一特征曲线也会反映出阀的性能参数。对应于额定电流的输出流量两侧为额定流量 q_R。通常规定额定流量的公差为 ±10%。这一特征曲线不仅可以表明阀的规格，更可应用于阀的功能抉择。

名义流量曲线（见图 2-17）定义为电液伺服阀的流量曲线回环的中点轨迹线，这是一种无滞环流量曲线。伺服阀的滞环很小，所以可把流量曲线的一侧当作名义流量曲线使用。

（1）流量增益效果。流量曲线上某点或某段的斜率称为该点或区段的流量增益，名义流量增益线是从名义流量曲线的零流量点向两极各做一条与名

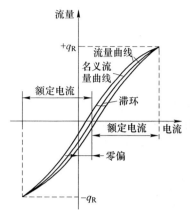

图 2-17 流量曲线、额定流量、零偏、滞环

义流量偏差最小的直线，直线的斜率称为名义流量增益。名义流量增益与输入电流的极性、负载压力大小有关。伺服阀的额定流量与额定电流之比称为额定流量增益。一般情况下，伺服阀只提供空载流量曲线及其名义流量增益指标数据。

在整个阀的运作中流量增益会影响系统的开放性系数。而对于产品的稳定性和品质也产生一定的影响，所以在选择阀系统工作时，要根据实际的系统性大小来决定增益的程度，在整个运作系统中需要增加系数来调整收益程度，所以要对整个阀实施较为宽松的标准。

（2）有关非线性度的内容。曲线的不直线性为非线性度。这是一种用流量曲线和最大电流偏差与额定电流百分比表示的一种特性曲线。非线性度通常要小于 7.5%。

（3）有关不对称度的定义。两个极性名义流量增益的不一致性称为不对称度，用两者之差较大者的百分比表示，如图 2-18 所示。要求在 10% 以上。

（4）滞环现象。伺服阀输入电流缓慢地在正负额定电流之间变化一次，而产生相同流量所需要的对应电流差值与额定电流的百分比称为滞环现象。在整个伺服系统的滞环现象中，一般在 5% 以下，而其他高性能的滞环则小于 0.5%。伺服阀滞环是由于力矩马达磁路的磁滞现象和伺服阀中的游隙造成的，滞环对伺服系统精度起推动作用，与伺服放大器增益和反馈增益呈负相关。

（5）分辨率的定义。在整个阀系统运作过程中，输出流量的变化与所需的输入电流最小值称为阀的分辨率，如图 2-19 所示，这是一种与停留时间长短有关的电流特性。分辨率一般在 1% 以下，高性能的小于 0.4%，甚至小于 0.1%，在这种情况下，油污染会使阀的黏性增大而使阀的系统分辨率增大。在位置伺服系统中，分辨率过大则可能在零位区域引起静态误差或极限环振荡。

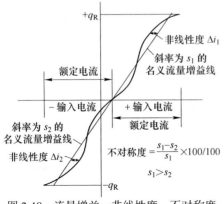

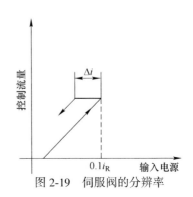

图 2-18　流量增益、非线性度、不对称度　　　　图 2-19　伺服阀的分辨率

c　有关零区特性范畴

电液流量伺服阀有零位、名义流量控制、流量饱和三个工作区域。在流量饱和区域中，流量的增益会随着电流的增大而减小，两者呈现负相关，而最初的流量输出是不再跟随流量的增大而增大。流量极限在零位区域则定义为流量为零的位置。这种区域是非常重要的区域，因此零区位在整个系统中占有一席之地。如图 2-20 所示。

（1）重叠效果。重叠主要出现在阀归零、阀芯与阀体的控制边处于相对方向相向运动时，用两极名义流量曲线近似直线部分的延长线与零流

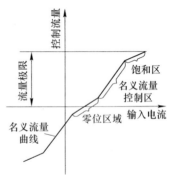

图 2-20　伺服阀的工作区域

量线相交的总间隔与额定电流的百分比表示。分为零重叠（零开口）、正重叠（负开口）和负重叠（正开口）三种情况，如图 2-21 所示，零区特性因重叠情况不同而异。

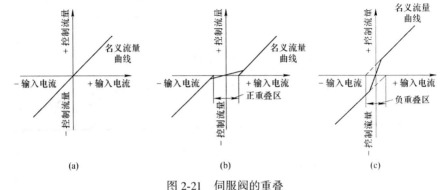

图 2-21　伺服阀的重叠

（a）零重叠；（b）正重叠；（c）负重叠

（2）零位偏移。在不同的元件结构尺寸、水力特性装配和电磁性能等原因作用下，有很多影响阀的因素会导致阀系统的运作不同。在输入电流为零时，输出流量却不为零，但为了使输出流量为零，要加入一个输入电流，使整个阀系统处于零位，所需的电流与额定电流比称为零位偏移。伺服阀的零偏通常小于3%。

（3）零位漂移。零位漂移指工作条件和环境条件发生变化时所引起的零偏电流的变化，这是一种与额定电流百分比表示的特性，分为以下四种，见表2-2。

表 2-2 伺服阀的四种零漂

序号	名称	定义及范围
1	供油压力零漂	供油压力在额定工作压力的 30% ~ 110% 范围内变化引起的零漂，称为供油压力零漂。该零漂通常应小于±2%
2	回油压力零漂	回油压力在额定工作压力的 0 ~ 20% 范围内变化引起的零漂，称为回油压力零漂。该零漂应小于±2%
3	温度零漂	工作油液温度每变化40℃引起的零漂，称为温度零漂。该零漂应小于±2%
4	零值电流零漂	零值电流在额定电流的 0 ~ 100% 范围内变化时引起的零漂，称为零值电流零漂。该零漂应小于±2%。伺服阀的零漂会引起伺服系统的误差

d 压力特性的解析

如图 2-22 所示，压力特性曲线可以表示出负载压降与输入电流之间的区间特性。当曲线输出流量为零时，整个压力曲线的斜率变成为压力增益，阀系统的压力增益会随着电流输入的多少而产生变化。在一个很小的额定范围之内也会迅速达到饱和状态。压力增益通常规定为最大负载压降的±40%之间。负载压力对于电流输入的承载能力有一定的影响，对平均斜率也影响较大。而阀系统的压力增益与承载能力和系统刚度有直接关系。压力增益大，系统能力变强；相反则减弱。所以压力争议是由阀的压力负载力决定的，而开口的大小也会决定压力的增益强度。

e 静耗流量特性的解析

当输出流量为零时，从油口流出的内部泄漏量称为静耗流量，如图 2-23 所示。静耗流量会随着电流的变化而产生变化。为了避免功率损失过大，必须对伺服阀的最大静耗流量加以限制。对于常用的两级伺服阀，静耗流量由先导级的泄漏流量和功率级的泄漏流量两部分组成，减小前者将影响阀的响应速度；后者与滑阀的重叠情况有关，较大重叠可以减少泄漏，但会使阀产生死区，并可能导致阀淤塞，从而使阀的滞环与分辨率增大。

零位泄漏流量对新阀可以作为衡量滑阀制造质量的指标，对使用中的旧阀可反映其磨损状况。

C 阀系数

阀系数的重要应用在于它的动态分析。零开口四边滑阀的三个阀系数的定义与零位阀系数见表 2-1。其他预开口形式的伺服阀，由其负载流量方程出发，按照上述定义容易求得其零位阀系数。

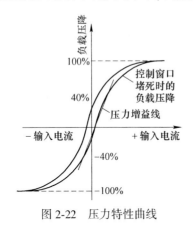

图 2-22　压力特性曲线

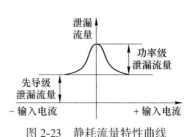

图 2-23　静耗流量特性曲线

2.5.1.2　动态特性

电液伺服阀动态特性，也可表示为对数频率特性，如图 2-24 所示，这表示一种数值越大工作频率范围越大的特性。对数频率特性是将阀系统同动态特性设计综合起来，形成一种具有动态特性的曲线。动态特性，又可称为瞬态响应和频率响应，这是一种当输入电流时，在某一频率发生变化时所产生的百分比变化。可以用频率、相位和频率的关系曲线图来表示三者之间的联系。输入信号和供油压力的

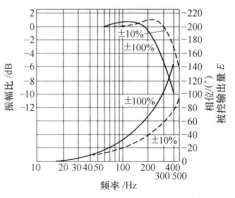

图 2-24　伺服阀的频率响应特性曲线

差异性不同，产生的动态特性曲线也有所不同，所以，动态响应总是对应一定的工作条件，伺服阀产品型录通常给出 ±10%、±100% 两组输入信号试验曲线，而供油压力通常规定为 7MPa。

在特定的频率下的输出流量幅值与输入电流之比，和指定频率下的输出流量与同样输入电流幅值之比，定义为幅值比。相位滞后定义为规定频率下测得的输入电流和与其相对应的输出流量变化之间的相位差。

伺服阀的幅值比为 −3dB（即输出流量为基准频率时输出流量的 70.7%）时的频率定义为幅频宽，用 ω_{-3} 或 f_{-3} 表示；将相位滞后达到 −90° 时的频率定义为相频宽，用 $\omega_{-90°}$ 或 $f_{-90°}$ 表示。由阀的频率特性可以直接查得幅频宽 ω_{-3} 和相频

宽用 $\omega_{-90°}$，应取其中较小者作为阀的频宽值。频宽是伺服阀动态响应速度的度量，频宽过低会影响系统的响应速度，过高会使高频传到负载上去。伺服阀的幅值比一般不允许大于+2dB。通常力矩马达喷嘴挡板式两级电液伺服阀的频宽为100~130Hz，动圈滑阀式两级电液伺服阀的频宽为 50~100Hz，电反馈高频电液伺服阀的频宽可达 250Hz 甚至更高。

瞬态响应是指电液伺服阀施加一个典型输入信号（通常为阶跃信号）时，阀的输出流量在阶跃输入电流的跟踪过程中表现出的振荡衰减特性，如图 2-25 所示。反映电液伺服阀瞬态响应快速性的时域性能主要指标有超调量、峰值时间、响应时间和过渡过程时间。超调量 M_p 是指响应曲线的最大峰值 $E(t_{p1})$ 与稳态值 $E(\infty)$ 的差；峰值时间 t_{p1} 是指响应曲线从零上升到第一个峰值点所需要的时间。响应时间 t_r 是指从指令值（或设定值）的 5%~95%的运动时间；过渡过程时间 t_s 是指输出振荡减小到规定值（通常为指令值的 5%）所用的时间。

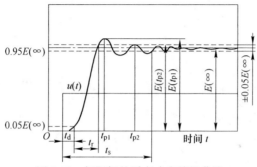

图 2-25　伺服阀的瞬态响应特性曲线

在对电液伺服系统进行动态分析和设计时，要考虑伺服阀的数学模型：微分方程或传递函数。其中传递函数应用较多，通常，伺服阀的传递函数 $G_v(s)$ 可用二阶环节表示为：

$$G_v(s) = \frac{Q(s)}{I(s)} = \frac{K_q}{\dfrac{s^2}{\omega_v^2} + \dfrac{2\xi s}{\omega_v} + 1} \tag{2-80}$$

式中，s 为拉普拉斯算子；ω_v 为伺服阀的固有频率；ξ 为阻尼比，由试验曲线求得，通常 $\xi = 0.4~0.7$；$I(s)$ 为控制电流的拉氏变换式；$Q(s)$ 为流量的拉氏变换式。

对于频率低于 50Hz 的伺服阀，其传递函数 $G_v(s)$ 可用一阶环节表示为：

$$G_v(s) = \frac{Q(s)}{I(s)} = \frac{K_q}{\dfrac{s}{\omega_v} + 1} \tag{2-81}$$

2.5.2　电液伺服阀的选择

选择电液伺服阀，就是根据系统的控制功率及控制性能的要求来确定伺服阀的规格与型号，可从以下几个方面考虑。

2.5.2.1 一般原则

在选择电液伺服阀时一般应选取线性性能好、动态性能优越、不灵敏区域较小、且零漂的范围较小的一些阀。为了缩短短阀系统和执行元件之间的连接管道，常将伺服阀直接安装在执行元件上，还应考虑整个阀系统的结构尺寸和安装空间。应当考虑到恶劣的环境情况，选取抗污染能力较强的阀；此外还应考虑价格和经济性问题。

2.5.2.2 电液伺服阀规格的选择

电液伺服阀的选择往往与液压执行元件的选择联系在一起。下面以流量伺服阀控对称液压执行元件为例说明电液伺服阀的一般选用方法与步骤。

（1）根据负载参数或负载轨迹求出最大负载功率及最大负载功率时的负载力 F_L^*（或 T_L^*）和负载速度 v_L^*（或转速 n_L^*）。

（2）根据最大负载力 F_L^*（或 T_L^*）选择伺服阀的供油压力 p_s。

（3）根据液压动力元件最佳匹配的原则确定最大负载功率时的负载压力 p_L^* 为：

$$p_L^* = \frac{2p_s}{3} F_L^* \tag{2-82}$$

（4）确定液压执行元件的参数。若是阀控双杆液压缸，双杆液压缸的有效作用面积 A_p：

$$A_p = \frac{F_L^*}{p_L^*} \tag{2-83}$$

若是阀控液压马达，液压马达的弧度排量 D_m：

$$D_m = \frac{T_L^*}{p_L^*} \tag{2-84}$$

确定 A_p 时，注意活塞与活塞杆直径的圆整；确定 D_m 时，注意产品样本的规格。

（5）考虑系统泄漏，确定最大负载功率时所需的负载流量。

$$\begin{cases} q_L^* = K_1 A_p v_L^* & \text{（阀控液压缸）} \\ q_L^* = 2\pi K_1 D_m n_L^* & \text{（阀控液压马达）} \end{cases} \tag{2-85}$$

式中，K_1 为系统的泄漏系数，一般取 $K_1 = 1.15 \sim 1.30$；n_L^* 为马达轴转速，r/s 或 r/min。

（6）计算阀压降。电液伺服阀的阀压降 p_v 为油流进出阀口的降压之和，可用式（2-86）表示：

$$p_v = p_s - p_L - \Delta p_r - p_0 \tag{2-86}$$

式中，p_v 为电液伺服阀的油流进出阀口的降压之和；Δp_r 为电液伺服阀至液压执行元件的管路总压力损失；p_0 为电液伺服阀回油口压力，即电液伺服阀至油箱回油管路总压力损失。

（7）根据 q_L^* 和 p_v 选伺服阀。这里可有两种方法：

1）根据 q_L^* 和 p_v 直接查产品样本中的伺服阀的阀压降-负载流量曲线，找出对应 q_L^* 和 p_v 的电液伺服阀的型号。

2）根据 q_L^* 和 p_v 换算成对应产品样本的阀压降时的流量 q_R，然后按 p_R 与 q_R 查产品样本对应的电液伺服阀的型号。

$$q_R = q_L^* \sqrt{\frac{p_v}{p_r}} \tag{2-87}$$

若液压执行元件已经确定，只要修改步骤（2）~（4）即可，即根据给定的液压执行元件 A_p 或 D_m 和最大负载功率时的负载力 F_L^* 或力矩 T_L^* 计算出最大功率时的负载压力 p_L^*。

$$\begin{cases} p_L^* = \dfrac{F_L^*}{A_p}（\text{执行元件是双杆活塞缸}） \\[4mm] p_L^* = \dfrac{T_L^*}{D_m}（\text{执行元件是液压马达}） \end{cases} \tag{2-88}$$

根据计算得到的最大功率时的负载压力 p_L^* 以及动力元件的最佳匹配原则，可确定系统的供油压力为：

$$p_s = \frac{3p_L^*}{2} \tag{2-89}$$

电液伺服阀规格选择计算的其他方法步骤同步骤（5）~（7）。

（8）考虑电液伺服阀的动态性能。电液伺服系统的本质是一个动态系统，对电液伺服阀进行选择时，将动态性能列为首要考虑因素。电液伺服阀的动态性能指标，与系统所要求的动态性能指标和液压动力元件的固有频率息息相关（假设系统中液压动力元件是频率最低的环节）。设固有频率为 ω_{sv}，并且将远大于液压动力元件的固有频率设为 ω_h，伺服阀对系统的幅频特性中穿越频率 ω_c 的影响很小，对系统的响应特性影响很小，因此选用时，$\omega_{sv} > \omega_h$ 是一般遵循的原则。伺服阀的阻尼比 ξ_{sv} 一般为 0.5~0.9，它对系统的相频特性有一定的影响。当 ω_{sv} 与 ω_h 较接近时，将在 ω_c 处引起附加的相位滞后，使系统的相位裕量显著减小，某些情况下可能会对系统稳定性构成威胁。因此应使 ω_{sv} 适当远离 ω_h。但不是说 ω_{sv} 越大越好，因为那样不仅会增加不必要的成本，而且还会使不需要的高频干扰信号进入系统。

2.6   电液比例阀的工作原理及应用

2.6.1   工作原理

电液比例压力阀、流量阀和方向阀均有直动式和先导式之分，并各有普通型（不带位移反馈）和位移反馈型两种结构形式。

2.6.1.1   电液比例压力阀

如图 2-26 所示，这是一种直动式电液比例压力阀，不带电反馈，它由比例电磁铁和直动式压力阀组成。直动式压力阀类似于普通压力阀的先导阀，不同的是，用传力弹簧 3 替代了阀的调压弹簧，用比例电磁铁替代了部分手动调节螺钉。防振弹簧 5 位于锥阀芯 4 与阀座 6 之间，主要功能是防止阀芯的振动撞击。阀体 7 是方向阀式阀体。当电流被比例电磁铁控制时，衔铁推杆 2 输出的推力会作用在锥阀芯 4 上，但要通过传力弹簧 3，和作用在锥阀芯上的液压力保持平衡，锥阀芯 4 与阀座 6 之间的开口量就是由此决定的。因为开口量的变化比较小，所以传力弹簧 3 变形量的变化也不大，如果忽略液动力的干扰，那么在平衡状态下，由于所控制的压力与比例电磁铁的输出电磁力是成正比的，因而使得与比例电磁铁的控制电流相似而且也成正比。电液比例压力阀除了在小流量场合作为调

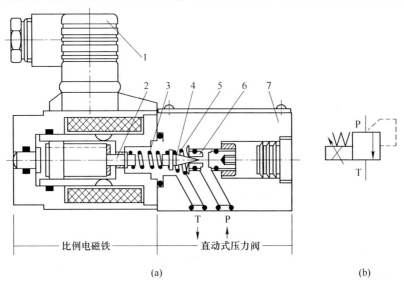

（a）   （b）

图 2-26   不带电反馈的直动式电液比例压力阀

（a）结构图；（b）图形符号

1—插头；2—衔铁推杆；3—传力弹簧；4—锥阀芯；5—防振弹簧；6—阀座；7—阀体

压元件单独使用外，更多情况下是和普通溢流阀、减压阀的主阀组合使用，构成不带电反馈的先导式电液比例溢流阀、先导式电液比例减压阀，用以改变电磁力，也就是改变电流大小，进而改变导阀前腔，即主阀上腔压力，以控制主阀的进出口的压力。

图 2-27 所示为位移电反馈型直动式电液比例压力阀，它与图 2-28 所示的压力阀不同的是，比例电磁铁带有位移传感器。工作状态下如果给出一定的设定值电压，比例放大器会输出控制电流，比例电磁铁推杆输出的与设定值成比例的电磁力会作用在锥阀芯 9 上，但要通过传力弹簧 7 的帮助。与此同时，电感式位移传感器 1 会检测电磁铁衔铁推杆的实际位置，即弹簧座 6 的位置，接着比例放大器收到反馈，然后在阀内形成衔铁位置闭环控制，也就是利用反馈电压与设定电压比较的误差信号控制衔铁的位移。利用位移闭环控制可以不用担心摩擦力等因素，使弹簧座 6 有一个确定位置与信号成正比，从而得到一个精确的弹簧压缩量，进而得到一个精确的压力阀来控制压力。在最大吸力之内，需要决定电磁力的大小。这种比例压力阀适用于系统对重复精度、滞环要求比较高的情形。

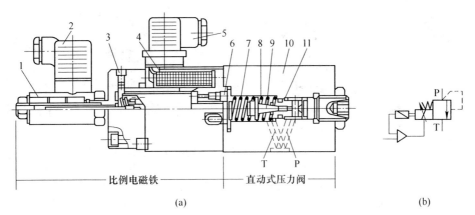

图 2-27 位移电反馈型的直动式电液比例压力阀
(a) 结构图；(b) 形图符号
1—位移传感器；2—传感器插头；3—放气螺钉；4—线圈；5—线圈插头；6—弹簧座；
7—传力弹簧；8—防振弹簧；9—锥阀芯；10—阀体；11—阀座

图 2-28 所示为带手调限压阀的先导式电液比例溢流阀，阀的上部为先导级，是直动式比例压力阀。这种阀的工作原理与普通先导式溢流阀基本相同，有一点不同是先导级采用比例压力阀。下部是带锥度的锥阀结构的功率级主阀组件 5，中部为了避免系统过载而装置了可以手调的限压阀 4。图中的 A 是压力油口，B 是溢流口，X 是遥控口，使用时其先导控制回油必须单独从外泄油口 2 无压引回油箱。这种阀安全度高，当电气或液压系统发生意外故障时，它与主阀一起构成的先导式溢流阀就会发挥作用，立即启动使系统卸压，从而保证系统的安全。

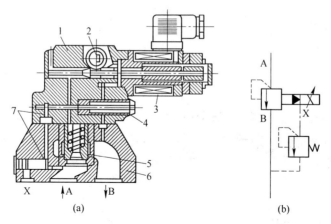

图 2-28　带手调限压阀的先导式电液比例溢流阀

（a）结构图；（b）图形符号

1—先导阀体；2—外泄油口；3—比例电磁铁；4—限压阀；

5—主阀组件；6—主阀体；7—固定液阻

2.6.1.2　电液比例流量阀

图 2-29 所示为一种直动式电液比例节流阀，比例电磁铁 1 直接驱动节流阀阀芯（滑阀）3，阀芯相对于阀体 4 的轴向位移（即阀口轴向开度）与比例电磁铁的电信号成比例。这种阀结构相对简单，价格便宜，滑阀机能不止图示的常闭式，还有常开式；但是其控制精度不高，还有待改进，主要是因为没有压力或者其他检测方式作为补充，工作过程中容易受到摩擦力及液动力干扰；使用范围比较狭窄，适用于低压小流量液压系统使用。

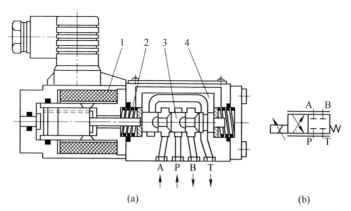

图 2-29　普通型直动式电液比例节流阀

（a）结构图；（b）图形符号

1—比例电磁铁；2—弹簧；3—节流阀阀芯；4—阀体

图 2-30 所示为一种位移电反馈型直动式电液比例调速阀，它由节流阀、作为压力补偿器的定差减压阀 4、单向阀 5、电感式位移传感器 6 等部件组成。节流阀芯 3 的位置在反馈至比例放大器前先要通过位移传感器 6 检测。当液流从 B 油口流向 A 油口时，单向阀就会开启，不起比例流量控制作用。这种比例调速阀动态和静态特性都比较好，可以排除干扰力，适合流量较小的系统使用。

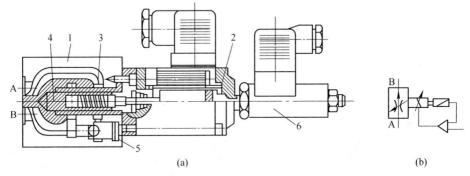

图 2-30　位移电反馈型直动式电液比例调速阀

（a）结构图；（b）图形符号

1—阀体；2—比例电磁铁；3—节流阀芯；4—作为压力补偿器的
定差减压阀；5—单向阀；6—电感式位移传感器

2.6.1.3　电液比例方向控制阀

电液比例方向控制阀可以根据电信号的极性和幅值的大小，同时对液流的方向以及流量进行双向控制，从而实现对执行元件速度和运动方向的控制。在压差恒定条件下，通过电液比例方向阀的流量和电信号的幅值成一定的比例，比例电磁铁是否受到激励以及受激励的程度是决定流动方向的关键因素。

图 2-31 所示为一种普通型直动式电液比例方向节流阀，主要由两个比例电磁铁 1 和 6、阀体 3、阀芯（四边滑阀）4、对中弹簧 2 和 5 组成。当比例电磁铁 1 通电时，阀芯右移，油口 P 与 B 通，A 与 T 通，而阀口的开度（即通过流量）与电磁铁 1 的电流成比例；当电磁铁 6 通电时，阀芯向左移，油口 P 与 A 通，而 B 与 T 通，阀口开度与电磁铁 6 的输入电流成比例。与伺服阀不同的是，这种阀的四个控制边有较大的遮盖量，端弹簧具有一定的安装预压缩量。阀的稳态控制特性有较大的中位死区。另外，由于受摩擦力及阀口液动力等干扰的影响，这种直动式电液比例方向节流阀的阀芯定位精度不高，尤其是在高压大流量工况下，稳态液动力的影响更加突出。为了提高比例方向阀的控制精度，可采用位移电反馈型直动式电液比例方向节流阀。

图 2-32 所示为减压型先导级+主阀弹簧定位型电液比例方向节流阀。它的先

导阀输出与电信号成比例的控制压力，与信号极性相对应的出口压力，分别被引至主阀阀芯2的两端，两端所产生的液压力与对中弹簧3的弹簧力是平衡的，从而使主阀阀芯2与信号成比例定位。这种阀不用持续地耗费先导控制油，这和先导溢流型不同，先导控制油不仅可以内供，也可以外供，在先导控制的压力超过规定值时，可用先导减压阀块将先导压力降下来。主阀采用的是单弹簧对中，弹簧有预压缩量，当先导阀没有信号时，主阀芯对中。单弹簧既简化了阀的结构，又使阀的对称性好。

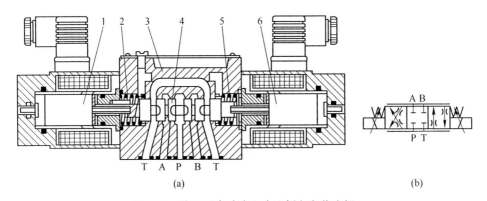

(a)   (b)

图 2-31　普通型直动式电液比例方向节流阀

（a）结构图；（b）图形符号

1，6—比例电磁铁；2，5—对中弹簧；3—阀体；4—阀芯

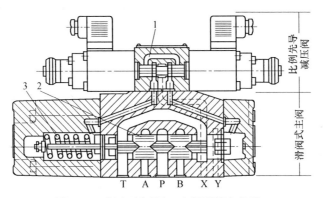

图 2-32　减压型先导级+主阀弹簧定位图

1—先导减压阀芯；2—主阀芯；3—对中弹簧

2.6.2　电液比例系统应用

2.6.2.1　比例阀的选用

比例阀选用应注意以下事项。

（1）选择比例阀时，要根据用途和被控制的对象的特点来选择合适的类型。

（2）选用一个比例阀，首要的是要了解它的动态和静态指标，主要包括定量输出的电流、额定压力损失、起始电流、重复精度、响应特性、频率的特性、滞环等。

（3）比例阀的精度要依照执行器的工作精度来选择，执行器的工作精度要求可以提供一定的参考。一般来说，内含反馈闭环阀的稳态性、动态品质好。要是比例阀的固有特性难以让被控制系统发挥最佳状态，比如滞环、非线性性能比较差，可以通过软件程序来改善，使它的性能达到一定的标准。

（4）比例阀的通径不能选得太大，要按照执行器处于最高速度时通过的流量来选择，如果比例不当，系统的整体分辨率就会大大降低。

2.6.2.2　污染控制

根据比例阀的要求，油液的污染度要保持在 NAS1638 的 7~9 级（ISO 的 16/13 级、17/14 级、18/15 级）范围内，这一指标的主要环节是由先导级决定的。尽管电液比例阀在一定程度上比伺服阀在污染控制方面的能力强，但是油液污染也会带来许多问题，如电液比例控制系统的很多故障就是因为油液污染，所以还是不能对油液污染放松警惕。因此，在选择带先导阀的比例阀时，一定要注意先导阀对油液污染度的要求；而且要在油路上加装过滤精度数值为 $10\mu m$ 以下的进油过滤器。

2.6.2.3　比例阀与放大器的配套及安置

比例阀与放大器应该是配套的。通常情况下，比例放大器是和比例阀配套供应的，放大器带有深度电流负反馈装置，着颤振电流可以被叠加到信号电流中。为了保证安全，放大器应在断电或者差动变压器断线时，阀芯处于原始位置或使系统压力降到最低点。为控制升降压的时间、运动力速度以及减速度，通常会在放大器中设置斜坡信号发生器。驱动比例方向阀的放大器为了补偿较大的死区特性，通常还会带有函数发生器。

比例阀与比例放大器之间的安置距离最高可达 60m，而信号源与放大器之间的距离却没有限制，可以是任意距离。

2.6.2.4　控制加速度和减速度的传统方法

控制加速度和减速度的传统方法一般有换向阀切换时间推迟、液压缸缸内端位缓冲、通过电子来控制流量阀和变量泵。借助比例方向阀与斜坡信号发生器可以很好地解决问题，以此来促进机器的循环速度，还能防止惯性带来的冲击。

3 电液伺服控制系统分析与设计

3.1 电液伺服控制系统的类型与性能评价指标

3.1.1 电液伺服控制系统的类型

电液伺服控制系统属于电液控制系统大类，也可从不同的角度划分细类。如按被控物理量的性质分为位置控制、速度控制、力（或压力）控制系统等；按控制元件的类型和驱动方式分为阀控（节流控制）、泵控（容积控制）系统；按输出功率的量级分为大功率、中小功率系统。随着计算机技术的发展，特别是抗干扰能力和可靠性的提高，电液控制技术也在发展、变化。根据输入信号和检测装置反馈信号的形式不同，电液伺服控制系统又可分为模拟式伺服系统和数字式伺服系统。

3.1.2 电液伺服控制系统的性能评价指标

性能优良的电液伺服控制系统，其组成的元、部件也应具有良好的静、动态性能。但性能优良的元、部件不一定能构成一个性能良好的控制系统。设计者必须充分考虑元、部件参数的合理选择和匹配问题。一个电液伺服控制系统的性能优劣，是否满足工作要求，通常要根据静、动态两方面的性能指标来评价。

3.1.2.1 静态性能指标

（1）最大的输出力（或力矩），即要求系统有足够拖动负载的能力。

（2）最大的输出位移、速度、加速度和最大功耗等，即应能满足系统被控物理量最大值的要求。

（3）最大摩擦力、死区、间隙等，用于保证系统的线性度，避免出现极限环振荡和爬行等现象。

（4）具有良好的密封性能，如系统在低压、超压和循环工作条件下，允许有可见油膜但不得有油滴落下。

（5）对系统工作环境、工作介质、使用寿命、质量和外形尺寸等的要求。

3.1.2.2 动态性能指标

全面表征控制系统的动态性能一般采用稳定性、快速性和准确性三方面的指标。通常以时域性能指标、频域性能指标或时域最佳化积分准则等综合性能指标等形式给出。

A 时域性能指标

时域分析中的阶跃响应特性曲线如图 3-1 所示，直观地反映了控制系统瞬态响应的过渡过程，由它可确定系统的超调量 σ_p、调节时间 t_s、峰值时间 t_p、衰减比 η 和振荡次数 N 共 5 个参数，它们能表达系统时域瞬态响应的特性，所以也称时域动态性能指标。

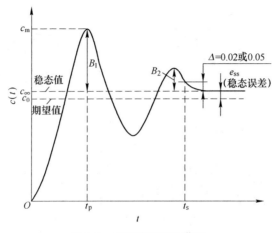

图 3-1　阶跃响应特性曲线

（1）超调量 σ_p。σ_p 表示系统过冲程度，设输出量 $c(t)$ 的最大值为 c_m，$c(t)$ 的稳态值为 c_∞，则超调量定义为：

$$\sigma_p = \frac{|c_m| - |c_\infty|}{|c_\infty|} \times 100\% \tag{3-1}$$

超调量通常以百分数表示。

（2）调节时间 t_s。t_s 反映了系统过渡过程时间的长短，当 $t > t_s$ 时，若 $|c(t) - c_\infty| < \Delta$，则 t_s 定义为调节时间，亦称过渡过程时间，式中 c_∞ 是输出量 $c(t)$ 的稳态值，Δ 可根据系统的具体工作情况取 $0.02c_\infty$ 或 $0.05c_\infty$。

（3）峰值时间 t_p。t_p 是指过渡过程到达第一个峰值所需要的时间，它反映了系统对输入信号响应的快速性。

（4）衰减比 η。衰减比 η 表示过渡过程衰减的快慢程度，它定义为过渡过程第 1 个峰值 B_1 与第 2 个峰值 B_2 的比值，即

$$\eta = \frac{B_1}{B_2} \qquad\qquad (3-2)$$

通常 $\eta = 4 : 1$。

（5）振荡次数 N。振荡次数 N 反映了控制系统的阻尼特性。它定义为系统的输出量 $c(t)$ 进入稳态前，穿越 $c(t)$ 稳态值 c_∞ 的次数的一半。

B　频域性能指标

频域性能指标由系统的开环和闭环对数幅频、相频率特性定义，如图 3-2、图 3-3 所示。

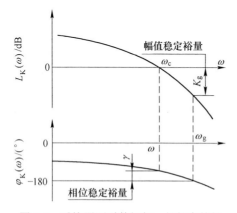 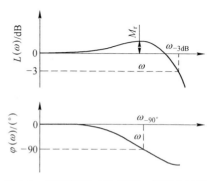

图 3-2　系统开环对数幅频、相频率特性　　　图 3-3　系统闭环对数幅频、相频率特性

（1）幅值稳定裕量 K_g。幅值稳定裕量 K_g 是指系统开环对数幅频、相频特性（伯德图）中，相位滞后 180°时所对应的幅频分贝值。

（2）相位稳定裕量 γ。相位稳定裕量 γ 是指波德（Bode）图上幅频特性曲线与零分贝线交接频率 ω_c 处所对应的相角 φ 与 -180°之差（即 $\gamma = 180° + \varphi$）。

（3）谐振峰值 M_r。谐振峰值 M_r 是系统闭环对数幅频特性出现谐振时最大振幅比的分贝值。

（4）幅频宽 ω_{-3dB}。幅频宽又称带宽，它是系统闭环对数幅频特性幅值比下降到 -3dB 时对应的频率，记为 ω_{-3dB}（Hz）。

（5）相频宽 $\omega_{-90°}$。相频宽是系统闭环对数相频特性相位滞后 90°时对应的频率，记为 $\omega_{-90°}$（Hz）。

以上列出的时域和频率性能指标，可以表征控制系统的稳定性和快速性。稳定性是控制系统首要的性能要求，常用超调量 σ_p、幅值稳定裕量 K_g、相位稳定裕量 γ 和谐振峰值 M_r 作为控制系统的稳定性指标。对电液伺服控制系统来说，系统的超调量 σ_p 一般限定在不大于 30% 的范围内；若系统简化为二阶主导极点系统，则选 $\sigma_p = 10\%$ 更为合理，因为这时系统的阻尼比 $\xi \approx 0.6$。幅值稳定裕量 K_g 通常要求为 10~20dB；相位稳定裕量 γ 一般要求为 30°~60°。而谐振峰值 M_r

取值为 0dB< M_r <3dB，工程应用中推荐 M_r <2dB。快速性指标是描述控制系统完成调节作用的快慢程度和复现输入信号能力强弱的性能指标。常用调节时间 t_s、幅频宽 ω_{-3dB} 和相频宽 $\omega_{-90°}$ 等参数表示。对电液伺服控制系统，调节时间 t_s 多在毫秒至秒数量级；幅频宽和相频宽一般在几至几十赫兹，而且相频宽通常低于幅频宽。

3.1.2.3 准确性指标

A 稳态误差

一个稳定的线性控制系统在过渡过程结束达到稳态时，其输出量不可能与期望输出值完全一致，也不可能在任何形式的扰动作用下都准确地恢复到原来的平衡位置，这种最终结果的误差就称为稳态误差。稳态误差与系统本身的结构和输入信号的形式有关，它是系统控制精度（即准确性）的一种度量。从控制理论的角度，也就是与系统的型号有关。系统的型号并不是系统的阶次。所谓系统的型号，是以控制系统的开环传递函数

$$\frac{K(1 + \tau_1 s)(1 + \tau_2 s)\cdots(1 + \tau_m s)}{s^v(1 + T_1 s)(1 + T_2 s)\cdots(1 + T_{n-v} s)} \tag{3-3}$$

中所串联的积分环节个数（即 v 值）确定的。

如 $v = 0$ 称为零型系统，$v = 1$ 称为 I 型系统，$v = 2$ 称为 II 型系统，以此类推。这样定义系统型号后，可以迅速判断系统是否存在稳态误差及其大小。比如 I 型和 II 型以上型号的系统，对阶跃输入信号就不存在稳态误差。从减少稳态误差的角度考虑，提高系统的型号是一条有效途径，但型号的提高将导致稳定性变差，基于这种考虑，电液伺服控制系统又多采用零型和 I 型系统。

B 动态误差系数

稳态误差不能提供误差随时间的变化规律，稳态误差相同的系统不一定动态误差也一样。为提供系统误差的动态信息，定义动态误差系数。

系统的稳态误差表达式为：

$$e_{ss} = \lim_{t \to \infty} e(t) = \phi_e(0) r(t) + \dot{\phi}_e(0) \dot{r}(t) + \frac{1}{2!} \ddot{\phi}_e(t) \ddot{r} + \cdots$$

$$= C_0 r(t) + C_1 \dot{r}(t) + C_2 \ddot{r}(t) + \cdots \tag{3-4}$$

式中，$\phi_e(0)$ 为 $s = 0$ 时的稳态误差传递函数值；$r(t)$ 为输入信号；C_0，C_1，C_2，分别为动态位置、速度、加速度误差系数。

对控制过程很短、控制精度要求很高的系统，准确性指标应采用动态误差系数来描述。

3.1.2.4　综合性能指标

在设计最优控制系统时，经常使用综合性能指标来评价一个控制系统。如采用时间乘误差绝对值积分（integral of time multiplied by the absolute value of error，ITAE）性能准则，使 $J = \int_0^\infty t|e(t)|\mathrm{d}t$ 值为最小。表 3-1 列出了基于 ITAE 准则的各阶闭环传递函数的最佳形式，可供设计时参考。

表 3-1　阶跃零误差系统 ITAE 最小的闭环传递函数标准形式

n 阶系统闭环传递函数一般式		$\phi(s) = \dfrac{a_n}{s^n + a_1 s^{n-1} + a_2 s^{n-2} + \cdots + a_{n-1}s + a_n}$；式中 $a_n = \omega_n^n$
传递函数标准形式的分母多项式	一阶系统	$s = \omega_n$
	二阶系统	$s^2 + 1.4\omega_n s + \omega_n^2$
	三阶系统	$s^3 + 1.75\omega_n s^2 + 2.15\omega_n^2 s + \omega_n^3$
	四阶系统	$s^4 + 2.1\omega_n s^3 + 3.4\omega_n^2 s^2 + 2.7\omega_n^3 s + \omega_n^4$
	五阶系统	$s^5 + 2.8\omega_n s^4 + 5.0\omega_n^2 s^3 + 5.5\omega_n^3 s^2 + 3.4\omega_n^4 s + \omega_n^5$
	六阶系统	$s^6 + 3.25\omega_n s^5 + 6.60\omega_n^2 s^4 + 8.60\omega_n^3 s^3 + 7.45\omega_n^4 s^2 + 3.95\omega_n^5 s + \omega_n^6$

值得注意的是，在设计控制系统时选择不同的性能指标，得到的系统参数、结构等也会有所不同。一个电液伺服控制系统应如何评价，究竟应选用哪些性能指标，指标又取何值？因系统的工作条件和所控制的物理量各式各样，所以动态性能指标的选取也应区别对待，需要斟酌具体情况进行正确选择。

3.2　电液位置伺服系统分析

电液位置伺服系统是最常用和最基本的液压伺服系统。由于它充分发挥了电子和液压两方面的优点，得到了广泛应用，如机床工作台的位置控制、板带轧机的板厚控制、带材跑偏控制、连铸结晶器振动曲线控制、飞机和船舶的舵机控制、雷达和火箭控制系统等。在其他物理量的控制系统，如速度、力控制系统中，也可能采用位置控制小闭环回路作为大闭环回路中的一个环节。

现以图 3-4 所示的典型电液位置控制系统为例，介绍电液位置伺服系统的特点及其分析方法。

电液伺服系统的理论分析是建立在系统传递函数等数学模型的基础上的，因此在系统分析前，必须先建立系统的数学模型。根据上述原理，图 3-4 所示的系统可用图 3-5 所示的控制原理框图来说明，再根据框图来建立各环节的传递函数。

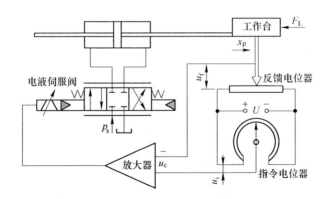

图 3-4 工作台电液伺服位置控制系统

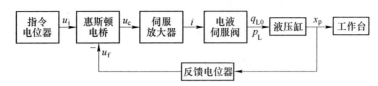

图 3-5 典型电液位置伺服系统控制原理框图

根据各环节传递函数可得本位置控制电液伺服系统的传递函数方块图，如图 3-6 所示。这是电液伺服系统静、动态特性分析的基础。

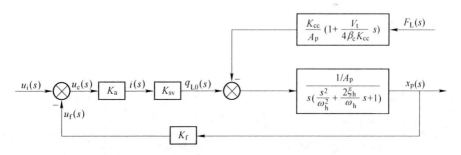

图 3-6 电液位置伺服系统的传递函数方块图

3.3 电液速度伺服控制系统分析

假定液压马达上只有简单的惯性负载作用，阀控液压马达的速度控制的传递函数可表示为：

$$\frac{\theta_m^{\cdot}(s)}{q_{L0}(s)} = \frac{1/D_m}{\dfrac{s^2}{\omega_h^2} + \dfrac{2\xi_h}{\omega_h}s + 1} \tag{3-5}$$

测速发电机的传递函数可表示为：

$$\frac{u_f(s)}{\theta_m(s)} = K_{fv} \qquad\qquad (3-6)$$

式中，$\theta_m(s)$ 为液压马达转速增量的拉氏变换；K_{fv} 为测速机增量。

其他环节的传递函数同电液位置伺服系统，符号同前。根据图 3-7 所示的系统原理，可画出电液速度控制系统的传递函数方块图，如图 3-8 所示。

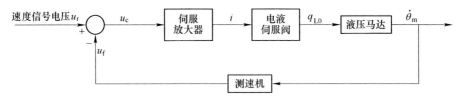

图 3-7　阀控液压马达闭环速度控制方块图

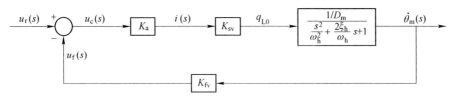

图 3-8　闭环电液速度控制系统传递函数方块图

由图 3-8 所示的方块图，可得闭环电液速度控制系统的开环传递函数为：

$$G(s)H(s) = \frac{K_v}{\dfrac{s^2}{\omega_h^2} + \dfrac{2\xi_h}{\omega_h} + 1} \qquad (3-7)$$

式中，K_v 为系统开环增益。

$$K_v = K_a K_{sv} K_{fv}/D_m \qquad (3-8)$$

式中，K_a 为伺服放大器增益；K_{sv} 为伺服阀流量增益。

系统开环伯德图如图 3-9 所示。在穿越频率 ω_c 处幅频特性曲线的斜率为 $-40\mathrm{dB/dec}$，因此相位裕量 γ 很小。以上推导是在简化的情况下得出的。若在 ω_h 和 ω_c 之间出现其他滞后环节（如电液伺服阀），则在穿越频率 ω_c 处斜率将变成 $-60\mathrm{dB/dec}$ 或 $-80\mathrm{dB/dec}$。这样的系统是不能稳定

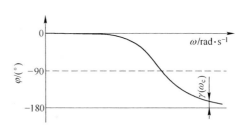

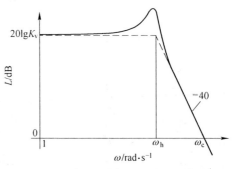

图 3-9　未矫正速度控制系统开环伯德图

工作的，因而也谈不上高精度控制。因此，必须对这种速度控制系统加以校正才能正常工作。

3.4 电液力控制系统分析

有了系统的传递函数方块图，按照控制理论分析系统的方法，就可以方便地对这个力控制系统进行具体的稳定性、快速性及稳态误差等各项静、动态性能分析。

由图 3-10 所示的方块图可以得到系统的开环传递函数为：

$$G(s)H(s) = \frac{K_0\left(\dfrac{s^2}{\omega_m^2} + 1\right)}{\left(\dfrac{s}{\omega_r} + 1\right)\left(\dfrac{s^2}{\omega_0^2} + \dfrac{2\xi_0}{\omega_0}s + 1\right)} \tag{3-9}$$

式中，K_0 为力控制系统开环增益。

$$K_0 = K_{fF}K_aK_{sv}A_p/K_{ce} \tag{3-10}$$

此时系统的开环伯德图如图 3-11 所示。

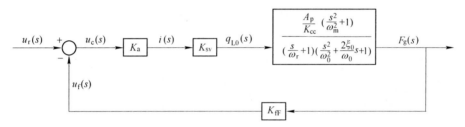

图 3-10 力控制系统方块图

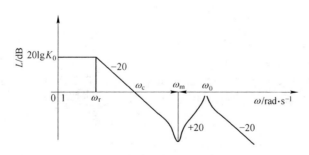

图 3-11 力控制系统的开环伯德图

先分析两种特殊情况：

（1）当 $K \gg K_h$ 时，即负载刚度远大于液压弹簧刚度的情况。二阶振荡环节与二阶微分环节近似对消，系统静、动态特性主要由液体压缩性（液压弹簧）形成的惯性环节所决定。

（2）当 $K \ll K_h$ 时，即负载刚度远小于液压弹簧刚度的情况。液体的压缩影响可以忽略，系统动态主要由负载特性所决定。

下面从稳定性、快速性及稳态精度三方面来分析这种电液力控制系统的静、动态性能。

3.4.1 稳定性分析

由系统的开环传递函数式（3-9）可得这种力控制系统的伯德图，如图 3-11 所示。由伯德图可以看出，系统的最大相位滞后为约 90°，因此，只考虑液压缸和负载的动态特性时，即使幅频特性在 ω_0 处超过零分贝线，系统也不会不稳定。但是，考虑到反馈传感器、伺服放大器以及伺服阀的相位滞后时，系统就有可能变得不稳定。这时为了保证系统的稳定，应使 ω_0 处的谐振峰值不超过零分贝线，并使增益裕量大于 6dB。

电液伺服力控制系统的稳定性往往受负载刚度的影响。负载刚度变化将引起 ω_0 处的谐振峰值的变化，根据图 3-11，可以得出 ω_0 处的渐近频率特性幅值为：

$$L_{\omega_0} = \frac{K_0 \omega_r \omega_0}{\omega_m^2} = K_0 \frac{K_{ce}}{A_P^2} \sqrt{m_t} \frac{K_h}{\sqrt{K + K_h}} \tag{3-11}$$

由式（3-11）可见，当负载刚度 K 减小时，ω_0 处的渐近频率特性幅值将增大。这样，就有可能使 ω_0 处的谐振峰值超过零分贝线，使系统的稳定性变坏。因此在分析和设计力控制系统时，一般均用最小负载刚度来计算其稳定性。

3.4.2 系统的响应速度

系统的闭环频宽由穿越频率 ω_c 决定。由图 3-11 的几何关系，并考虑 ω_r 和 K_0 的关系，得：

$$\omega_c = K_0 \omega_r = \frac{K_{fF} K_a K_{sv}}{A_P} \frac{K K_h}{K + K_h} \tag{3-12}$$

由式（3-12）知，穿越频率 ω_c 随负载刚度而变化。

当 $K \gg K_h$ 时，

$$\omega_c \approx K_0 \omega_r = \frac{K_h K_{fF} K_a K_{sv}}{A_P} \tag{3-13}$$

当 $K \ll K_h$ 时，

$$\omega_c \approx K_0 \omega_r = \frac{K K_{fF} K_a K_{sv}}{A_P} \tag{3-14}$$

当负载刚度较小，$K \ll K_h$ 时，系统频宽的提高受负载刚度的限制。而在力控制系统中，负载是经常变化的。因此，当这种系统的快速性（频宽）需大幅度提高时，应进行全面校正才能达到要求。

3.4.3 系统的稳态精度

未加校正的力控制系统是零型系统。为了保持一定的输出力 F_g，系统的稳态误差为：

$$e_{F\infty} = \frac{F_g}{1 + K_0} \tag{3-15}$$

和位置系统一样，为了减小伺服阀零漂、死区等的影响。应当增大电气增益 $K_a K_{fF}$，减小液压部分的力增益 $K_{sv} A_P / K_{ce}$，为此希望采用正开口阀或零开口阀加泄漏通道来减小总压力增益 K_{sv} / K_{ce}。

4　电液比例控制系统的分析与设计

从广义来说，所有力、力矩、流量等输出量都能伴随电信号按照一定的规律变化，称这些系统为比例控制系统。在这个意义上，伺服控制也是一种比例控制，两者有很多相似之处，但专业习惯的称呼还是有所区别，通常所说的比例控制系统是特指以电液比例阀（或比例变量泵）作为电液控制元件的液压控制系统。比例控制系统与伺服控制系统相比，在工业使用中更具备优势。现代科学技术的发展使得系统的设计原理、技术都日渐改善和增进，比例控制系统越来越受到人们的欢迎。

4.1　电液比例控制系统的工作原理与技术优势

4.1.1　电液比例控制系统的工作原理

电液比例控制由开环、闭环控制组成，图 4-1 所示为电液比例阀开环控制时的原理。输入电压 u 经放大产生了电流信号 I，形成了一个力 F_d，从而驱使控制阀阀芯运动。随着液压信号的产生，元件开始运动。倘若要提升系统的性能、精度，就要改进控制方法，图 4-2 所示为电液比例闭环控制系统方框图。

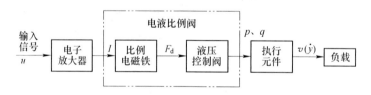

图 4-1　电液比例开环控制系统方框图

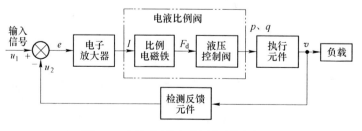

图 4-2　电液比例闭环控制系统方框图

在开环控制的前提下增加反馈元件就形成了闭环控制，在此，将输出量定义为 v，输入电压信号定义为 u_1，反馈电压信号定义为 u_2，将这两种电压信号进行比对形成偏差信号 e。e 经处理后作用到比例电磁铁，产生信号 p、q。以带动负载朝着消除偏差的方向运动，直到输出量的实际值与期望值的偏差 e 趋于零为止。

上述两种系统都是电液控制系统中的类型，通常可以将该两类系统当作一种，是由电气信号处理部分与液压功率放大部分和输出部分组成的。电液比例控制系统构成的基本元件包括输入元件、电子放大器、电液比例阀、执行元件、检测反馈元件及被控对象等。其中，电液比例阀用于电液转换和功率放大，它将比例阀电控器输出的电信号转换成与之成比例的油液压力或流量（包括方向）信号，是比例控制系统的关键元件。

4.1.2　电液比例控制系统的技术优势

在信号检测、放大等过程中通常使用电气、电子技术，而在功率转换放大单元和执行部件方面，液压技术具有优越性。电液比例开环与闭环控制系统均具备电控、液压技术的优势，是微电子技术与工程功率系统之间的接口，是一种颇具竞争优势的控制模式。

下面从工程应用的角度探讨电液比例控制系统的技术优势。

（1）可明显简化液压系统构成，增加系统功能、改善性能和实现复杂的控制规律。通过使输入信号按预定的规律变化，连续成比例地调节受跨上作机构作用力或力矩、往返速度或转速、位移或转角等，是比例控制技术的基本功能。这一基本功能，不仅可改善系统的控制性能。而且能大大简化液压系统，降低费用，提高可靠性。

（2）利用电信号便于远距离控制及实现计算机或总线检测与控制。采用电液比例控制系统不但可实现远距离有线或无线控制，还可改善主机设计的柔性，并且还可实现多通道并行控制。例如，关节式消防云梯液压系统若采用电液比例控制，在篮车上的工作人员就可以自己操作电控器实现所需空间位置的精细遥控。再如，工程机械应用中的多路阀必须加长管路、增加系统，但是如此一来不仅增加了成本，还不利于整个系统的稳定性，对此，可以将比例阀引入，提升整个系统的柔韧性。此外，还可以将系统设置为多电控操纵，以实现系统的安全控制。

（3）利用反馈控制提高控制精度或实现特定的控制目标。图4-3所示为圆盘切割机负载敏感恒速控制系统，以字母 M 代表的感应电动机驱动着锯片的旋转，比例调速阀一直对液压缸进行作用，引发切割进给。一旦切割负荷发生变化，感应电动机中的相电流也会增加或者减小，产生的偏差信号从电流互感器传入比例阀控制放大器，从而最终实现反馈控制过程。通过对进给速度、切削负荷在一定范围内进行调整，就能实现锯片恒速。以上所述系统通过使用电液比例进行调速，可达到调节的目的，提高了效率，避免了故障隐患。

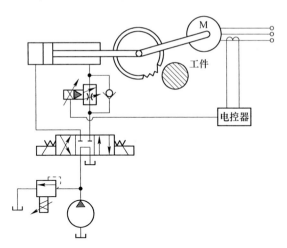

图 4-3　圆盘切割机负载敏感恒速控制系统

4.2　电液比例控制系统的设计特点

　　电液比例控制系统有开环和闭环之分，本节分别介绍这两类系统的设计特点及注意事项，最后结合系统设计阐述电液比例阀的选型要点。

4.2.1　开环电液比例控制系统的设计特点及注意事项

　　在一个工作循环中当执行元件根据工艺要求需频繁变化推力和速度，或当负载较大运动速度又较快，为防止冲击、减小振动等，均适合采用。开环比例系统对控制精细度不太高并具有较复杂工况的设备也同样适用。在系统中采用比例方向阀后，可实现执行机构运动的匀加速和匀减速并对系统中的流量进行无级调节，使主机的运动部件运行更加平稳。另外，采用开环比例系统可简化液压原理，减少液压元件的数量，从而提高系统的可靠性和自动化程度，使液压装置更加小巧、简单、合理。

　　开环电液比例控制系统的设计和分析方法和液压传动系统的设计步骤相似，只是将系统中与比例阀有关的液压阀置换下来，同时电气部分应针对比例阀控制放大器的输入控制方式进行相应改变，设计者应根据使用场合及具体要求，通过技术经济性能的比较，从手动方式、可编程序控制器（PLC）、单片机或工控计算机控制输入信号给定值等几种方式中进行选择。用比例电磁铁替代液压阀上的普通电磁铁及调节机构，用比例放大器所具备的功能来控制比例电磁铁的输出量，即力和位移，用该输出量来调制液压阀的输出参数，实现对液压系统压力、流量及方向的连续控制，为液压系统提供一种平滑、渐进、连续无开关阀突变的控制过程。但比例控制阀的选用原则和普通液压阀有所不同。

4.2.2 闭环电液比例控制系统的设计特点及注意事项

当使用电液比例阀构成闭环比例控制系统时，其组成环节及工作原理与电液伺服系统基本相同。因此，有关电液伺服系统的设计步骤及计算方法等在电液比例控制系统中仍然适用。但当系统在大范围内变化且变化速度太快时，系统的动态设计采用传递函数法进行分析误差较大，只可定性分析。可列出系统的原始方程（流量方程、力平衡方程等），用数值方法（如龙格-库塔法等）求解微分方程（即进行性能仿真），模拟复杂系统的性能并分析它们的动态特性，这样比较符合实际情况。

闭环电液比例控制系统主要可分为动态应用系统（载荷高速或高频运动）和力应用系统（低速传递高负载）。

在闭环电液比例控制系统设计和应用中遇到的最主要问题是估值困难，但这又很重要。大部分故障来自忽略了接近系统固有频率的那个频率。因此需要考虑系统的液压刚度和负荷惯性这两个方面。

在电液比例控制系统的分析和设计中，应当系统有压力时，流体会像弹簧一样被压缩，故要考虑液体的压缩性，特别是在高压系统中，甚至管路也应被看作弹性的。更应注意的是有蓄能器的情况，虽然蓄能器改善了系统的部分性能，但从动力学观点分析，它也使系统变得更易发生共振。

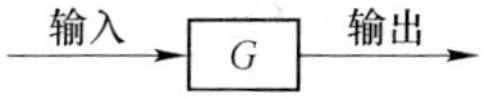

通常将元件（或元件组）看作一个模块，如图 4-4 所示，模块的输入与输出之间的关系为 G，可使闭环控制系统的分析加以简化。系统控制环增益 K_V，如图 4-5 所示，为各单个控制环模块增益（放大器增益 G_D、比例阀增益 G_V、液压缸增益 G_C 及反馈模块增益 G_H）之积，系统的增益越大，系统的控制精度越高，反应越快。然而，过大的增益有可能引起系统不稳定，如图 4-6 所示，在此种情况下，上下两个方向上的振荡变得发散。

图 4-4 传递函数方块图

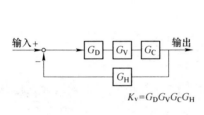

$$K_V = G_D G_V G_C G_H$$

图 4-5 系统控制环增益

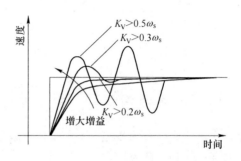

图 4-6 增益增大时的阶跃输入响应曲线

保持系统稳定时，增益的最大值由负载质量 M、执行机构的刚度 C_{11} 和系统阻尼系数 ξ 等决定。质量越大，惯性越大，振荡的倾向越大；低刚度意味着振荡的倾向大，因此刚度应尽可能大；阻尼系数 ξ 典型情况 $\xi = 0.05 \sim 0.3$，受阀的特性（如非线性特性等）影响。

系统稳定性条件为：

$$K_V \leq 2\xi\omega_s^2 \tag{4-1}$$

式中，ω_s 为整个闭环系统的固有频率。

在系统中的各个频率中，ω_s 为最小值。

经验表明，如果计算出的保持系统稳定的最小斜坡时间小于 0.1s，就应该对系统重新进行调整。

另外，最低的系统固有频率不应低于 ω_0，对于未进行负载压力补偿控制的系统 $\omega_0 > 3\text{Hz}$，对于有负载压力补偿的控制系统 $\omega_0 > 4\text{Hz}$。应当指出，在固有频率较低时，由于系统刚度较小，加速和减速过程较差。此外，在低速时可能出现蠕动现象。这种缺陷在带负载补偿的控制系统中早已出现，因为压力补偿器也有其固有时间特性。在没有负载补偿的节流控制系统中，具有一个附加的阻尼作用，对改善固有频率较低的系统的过渡过程特性是有利的。

一旦确定了总的循环时间和行程，就可获得最大速度，如图 4-7 所示。

$$v_{\max} = S_{\text{tot}} / (t_{\text{tot}} - t_{\min}) \tag{4-2}$$

式中，S_{tot} 为总行程，mm；t_{tot} 为总循环时间，s。

从而可得最大加速度：

$$a_{\max} = v_{\max} / t_{\min} \tag{4-3}$$

在利用电液中枢控制器获得和保持要求高的位置精度时，整体刚度也

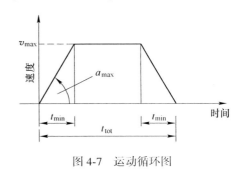

图 4-7　运动循环图

是非常重要的。位置精度受到的外部干扰较大，这些干扰包括驱动器上的外部作用载荷（工作载荷，冲击载荷）、负载重量（对垂直安装液压缸）、摩擦力和连接间隙等。

需要进一步监控的是，由于温度或压力变化造成的阀不换向、反馈传感器的精度或分辨率、摩擦力和连接间隙等。

4.2.3　比例阀的选型原则

各种比例阀的结构形式和工作原理各不相同，选用时除了正确选择其稳态和动态指标外，还应注意以下几点。

（1）当系统用换向阀切换若干个预先设定的压力或速度时，可以用一个比

例阀来代替。当设定值超过 3 个时，用比例阀方案费用较低；另外，各设定值之间的过渡过程可控制（斜坡），设定值也可连续变化。

（2）对于比例压力阀，在选定工况中，应按能满足工况中的额定压力来选择比例阀的压力等级，而不是按工况中的最高压力来选择。这样可使阀在较大的电信号范围内调节压力，以便尽可能达到较好的分辨率。对于开环比例系统，推荐所选比例压力阀的压力等级为系统额定压力的 1.2~1.5 倍。

（3）比例阀的额定流量值取决于阀芯位置和阀压差这两个参数。因此，在选用比例阀时，要正确选择比例阀的通径，以达到有良好的分辨率。选择过大的额定流量值，结果会造成在速度和分辨率方面降低执行元件的控制精度。较理想的阀通径是刚好能通过执行元件最大速度时的流量。推荐比例流量阀的额定流量为系统最大调节流量的 1.2~1.5 倍，并根据比例阀产品样本查得所对应的通径。

（4）控制加速度和减速度的传统方法有延长换向阀切换时间或用缓冲缸或用变量泵等。采用比例方向阀和斜坡信号发生器可以提供较好的解决方案。比例放大器控制的比例阀的最短斜坡（调压或流量调节）时间，受到阀本身的转换时间的制约。对于开环比例系统，推荐比例放大器输出的最短斜坡时间大于 2 倍比例阀本身的转换时间。转换时间可从比例阀产品样本中查得。

（5）对于比例方向阀，应注意其机能的选择。不同机能的阀控制液压执行元件所得到的效果不同，不同机能的比例方向阀与液压执行元件的配用见表 4-1。

（6）阀内含反馈闭环的比例阀其稳态特性和动态品质较不含反馈的阀好。内含反馈闭环的比例阀具有结构简单、价廉和工作可靠等优点，其滞环在 3% 以内，重复精度在 1% 以内。采用电气反馈的比例阀，其滞环可控制在 1.5% 以内，重复精度可达 0.5% 以内。

（7）比例阀与控制放大器必须配套，两者的距离通常应小于 60m，而信号源与放大器的距离不限。

（8）比例阀对油液的污染度要求并不严，一般应控制在 NAS 1638 的 8~10 级（ISO 的 17/14、18/15、19/16 级）之间。决定这一指标的主要环节是阀的先导级。

表 4-1   不同机能的比例方向阀与液压执行元件的配用

液压执行器	配用阀芯机能	控制回路示意图
双出杆液压缸、液压马达 单出杆液压缸（面积比接近 1:1）	O 型阀芯 YX 型阀芯	

液压执行器	配用阀芯机能	控制回路示意图
单出杆液压缸（面积比接近 2：1）	O_1、O_2 型阀芯 YX_1、YX_2 型阀芯	
单出杆液压缸（面积比接近 2：1，实现差动控制）	O_3 型阀芯 YX_3 型阀芯	

4.3　电液比例控制基本回路及应用

在液压传动系统中，由若干个液压元件构成，且能完成某一特定功能的液压回路结构被称为液压基本回路。一个液压基本回路，若含有电液比例元件则被称为电液比例控制基本回路；若有比例控制基本回路或元件，则称为电液比例控制系统。比例控制系统中可能会有一些普通意义上的液压基本回路，它们并不包含比例元件；而另一些基本回路必然包含了比例元件，这就是比例控制基本回路。

液压基本元件按照相关规律组成液压基本回路。不同的液压基本回路通过各种组合可以完成一项工作。为了完成一项工作而组合的液压回路由于选择的元件不同，其液压回路产生的效果会有很大差别。所以要学会使用甚至设计电液比例就必须做到对液压元件比例非常熟悉。只有深入理解这些回路的基本特性，才能充分发挥和利用电液比例技术的优点，避免和克服它的缺点，从而产生应有的经济效益。

4.3.1　电液比例压力控制回路

电液比例控制液压设备必须以电液比例压力控制回路作为基本工作前提。

4.3.1.1　比例调压回路

A　比例溢流式调压回路

（1）采用直动式比例溢流阀。一般情况下可以采用比例溢流阀调整压力继而控制比例调压回路。调整比例电磁铁电流，任意选择系统压力但是不要超过额定数值，一般多用于多级调压系统。

图4-8所示是直动式比例溢流阀的调压回路。一般情况下这个回路要使用安全阀。图4-8（a）是使用安全阀之后的回路系统，一般用于流量较小的情况；图4-8（b）是大流量的回路系统，由两种溢流阀组成，分别是先导溢流阀和直动式比例溢流阀，前者用于溢流并起到安全阀的作用，后者用于远程调压。

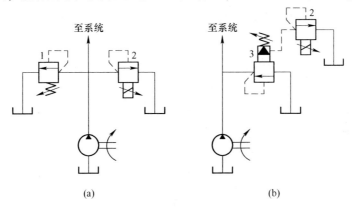

图4-8 采用直动式比例溢流阀的调压回路

（a）使用安全阀的回路系统；（b）大流量的回路系统

1—安全阀；2—直动式比例溢流阀；3—先导式溢流阀

（2）采用先导式比例溢流阀。图4-9所示是使用先导式比例溢流阀的两种方案。当比例溢流阀没有电流时，可以卸荷。但是为了防止故障造成过高压力损害系统，所以要设置安全阀。

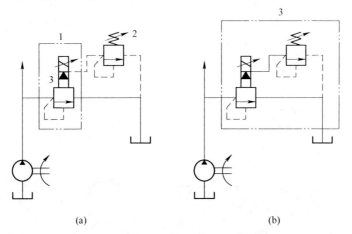

图4-9 采用先导式比例溢流阀的调压回路

（a）采用小型直动式比例压力阀对普通压力阀进行控制；（b）采用专门设计和制造的先导比例压力阀

1—比例溢流阀；2—普通溢流阀；3—比例+普通整体结构

B 比例容积式调压回路

比例容积式调压回路使用比例压力调节变量泵调节回路压力。

采用比例压力调节型变量泵的调压基本回路如图 4-10（a）所示。这种恒压变量泵的曲线如图 4-10（c）所示。它具有负载压力反馈功能，通过负载压力变化控制泵进行工作，当负载压力低于设定压力时输出最大流量，按定量泵工作；当等于设定压力时输出流量按负载压力变化而引起较大变化，按变量泵工作；当大于设定压力时，输出流量很快变小，只能维持各处泄漏，但设定压力没有变化。

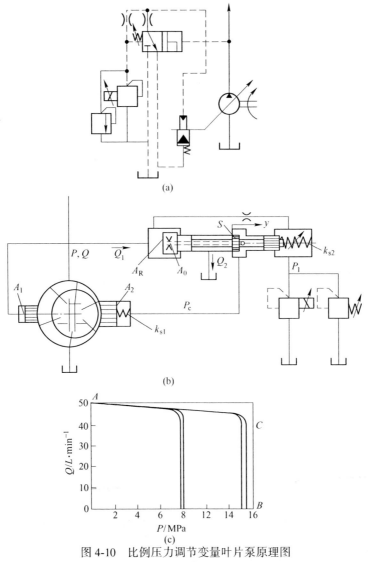

图 4-10 比例压力调节变量叶片泵原理图

（a）职能符号；（b）半结构原理图；（c）调节特性曲线

可见，这种变量泵具有流量适应的特点，当调节流量时负载压力基本不变。它的最大排量决定了泵的供油能力，比例电磁铁的控制电流设定出口压力。这种泵不会有过剩电流产生，输出压力可以根据工作需要设定，具有节约能耗的作用；同时它具有流量适用性，所以不需安装溢流阀，为安全起见需加装安全阀。

当负载压力小于设定压力时泵的供油压力随着负载变化而变化，此时泵按照最大流量出油。当达到设定压力时泵工作在特性曲线的垂直段，此时流量与负载压力相适应，供油压力和负载不产生关联，所以设定压力就成为变量泵的节能控制点，它根据溢流阀的控制电流设定。

比例压力变量泵，由于设定压力即节流压力，且在节流压力时的流量仅维持泄漏的需要，所以节流时功耗很小，适用于带保压工序的各种流体机械。比例压力变量泵适用于速度变化较简单的场合。

由此可见比例压力泵的调压原理和容积调压一样。但与溢流调压不一样，容积调压是用压力过高的信息来表示流量已经多余，从而控制输出流量；而溢流调压是排出压力过高时的流量，从而降低因流量过多造成的压力升高。在控制段内（图 4-10 （c）的 CB 段），当压力降低时，变量泵能增加流量，力图维持调压水平；在非控制段内（图 4-10 （c）之 AC 段）泵输出全部流量仍不足以达到调定压力，说明此时负载较小，而泵的工作压力适应负载的需要。这与溢流调压系统中压力未达到设定压力则溢流阀不开启时的情况是一样的。

一般情况下多级压力控制和系统卸荷以及力控制系统使用电液比例调压回路工作。

4.3.1.2 比例减压回路

有一个泵供油的液压设备中，当支路工作压力低于设定压力时，要用比例减压阀组成减压回路。减压阀可以实现支路多级减压，同时不影响主油路正常工作。

图 4-11 所示为比例减压阀基本回路图。图 4-11 （c）为单向减压阀基本回路图。液压泵不仅向缸 I 供油而且也向缸 II 供油。当缸 II 向下运动时以单向减压阀的形式形成多种低压力值，当返回时缸 II 上行减压阀没有形成阻碍。

二通减压阀可以有效控制压力过快升高，在用其将压力降低时由于回油经过的通道细小，流速很慢。但是可以通过安装三通减压阀分流回油进入油箱，从而很好地解决二通回油时间慢的问题，并使前后时间基本一致。如图 4-11 （b）所示。

4.3.2 电液比例速度控制回路

4.3.2.1 比例节流调速及其压力补偿

一只比例节流阀能对一个执行器进行调速控制，也可以对多个执行器实现调

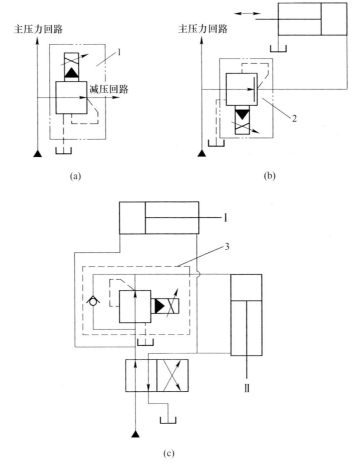

图 4-11   比例减压基本回路

(a) 二通比例减压阀回路；(b) 三通比例减压阀回路；(c) 单向比例减压阀回路
1—二通比例减压阀；2—三通比例减压阀；3—单向比例减压阀

速控制。可以分成进口、出口以及旁路节流，相互之间连接方式与对应的回路一致。

多速控制或对多个执行器分别进行速度控制，在后者中，一般每次只对其中一个执行器进行控制。它也可以有进口、出口或旁路节流之分，连接方法也与相应的回路完全相同。

比例节流阀和溢流阀搭配连接起来在比例节流口压力值恒定状态下，可以实现流量的准确控制。图 4-12 所示进口节流阀速度控制图展示的是一只比例节流阀控制两个执行器的两种运转速度。

这一例子中，如果每个液压缸在前进、后退两个方向上各需要两种工作速度。用普通节流元件来实现时需要 8 只节流阀或调速阀。此外，还需要增加若干只用于选择工作速度的电磁阀，现在只用一只比例元件即可实现，且还可增加其他功能。比例调速适用于在工作循环中速度需要经常转换的场合，特别是对速度转换和停止有特别要求的场合。

图 4-12（a）中，比例节流阀装在主油路上，在最大开口量时泵的全部流量应能顺利通过，否则，系统就不能发挥泵的最大供油能力。因是简式节流调速，负载的运动速度会受负载的大小影响。可以改用比例调速阀，或利用溢流阀的遥控口，改成图 4-12（b）所示的连接，使其获得压力补偿。要获得较好的压力补偿效果，阻尼孔 R 的直径需要仔细选择，通常不大于 0.8mm，否则执行器的运动会出现不稳定的爬行现象。

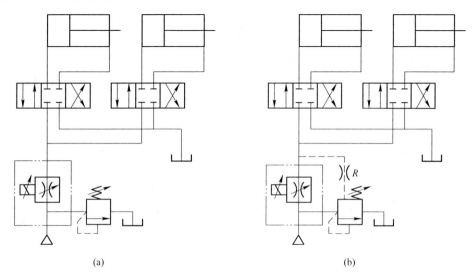

图 4-12　比例节流阀调速回路

（a）进口节流回路；（b）带压力补偿的回路

方向阀的节流作用通过图 4-13 的二位四通比例方向阀可以很好地展示出来。它有两个通道，可以单独使用一个也可以同时使用。为了使流量不受供油压力波动及负载变化的影响，可用定差减压阀来保持进出口压力差基本恒定。图 4-13 所示为二位四通方向阀用作节流控制的情况，其中图 4-13（a）只使用一个通道的连接，且带压力补偿，图 4-13（b）为两个通道都使用时的连接，但不带压力补偿。

三位四通比例方向阀用来调速及其压力补偿回路，将在后面内容中介绍。

4.3.2.2　比例容积调速回路

A　比例排量调节型变量泵的调速回路

比例排量泵调速回路和容积调速回路相同，它的回路可以通过图 4-14 看出

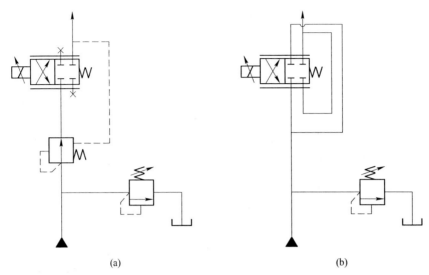

图 4-13 二位四通方向阀用作比例节流阀

（a）使用一个通道（带压力补偿）；（b）使用两个通道

来。通过改变柱塞泵 1 的排量对液压执行器的流量产生影响，从而达到大功率和频繁改变速度。

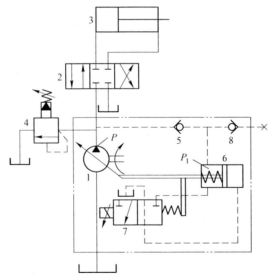

图 4-14 比例排量调节变量泵调速回路

1—变量柱塞泵；2—三位四通换向阀；3—液压缸；
4，7—比例换向阀；5，8—单向阀；6—控制油缸

比例换向阀 7 在某一给定控制电流下工作，变量柱塞泵 1 在恒定状态下工作，变量活塞不产生节流压力，流量不再回零，要想恢复正常必须安装大流量的

安全阀4。

比例排量泵速度调整引起供油压力和负载相应的变化，它们的变化成正比。比例排量泵排出流量，与产生的信号功能成正比，但易引发泄漏，其产生影响不能得到补偿。所以这种方法不利于流量稳定，也就是泵以及整个系统的泄漏量不稳定使调速的准确性大打折扣。也有补救措施，即当负载发生改变时，输入控制信号大小予以补偿。这时可使控制电流相应地减小，因而使输出流量减小，这样便使因负载变化而引起的速度变化得到补偿。

B 比例流量调节型变量泵的调速回路

在解释这种调速回路时首先介绍稳流量调节控制原理，以便于更好地理解调速回路。

图 4-15 所示是这种比例流量调节型变量泵的调速回路，与容积节流型的调速回路 6 相同。它具有负载压力补偿功能，所以这种类型的泵能够稳定流量，排出流量和负载压力没有关联，具有很高的稳流量准确度。这种泵的优点是可以随意调整系统所需流量，使泵压力和负载压力相协调，这种方法叫负荷感应控制。图 4-15（a）为职能符号，图 4-15（b）为半结构原理图，对液压马达实行单向调速。这种泵不会自动归零，所以要安装大流量溢流阀，以便不需要流量时能够及时排出。

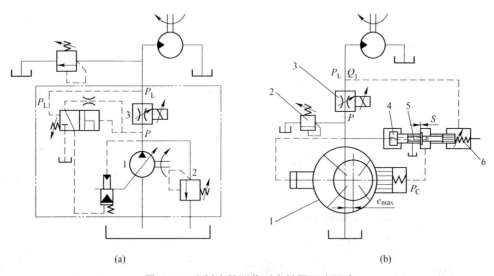

图 4-15 比例流量调节型变量泵调速回路
（a）职能符号；（b）半结构原理图
1—变量叶片泵；2—溢流阀；3—比例节流阀；4—固定阻尼孔；5—控制阀芯；6—弹簧

如图 4-15（b）所示，在一定压力下所有泵的流量由节流阀 3 输出。这一过程产生的压降平方根和流量形成正比关系。所以可以用压降衡量泵流量，一般情况下由泵控制设备使压降处于稳定状态，控制阀芯 5 和节流孔 3 相互连接并形成一定压力，比例节流阀的出口压力和弹簧串通。通常弹簧 6 处于一定压缩量下，比例节流孔的压降就由这一压缩量来决定；同时压降将控制阀的控制口 S 处开有使最小流量通过的微小开口。这样不管输入多大的电信号经过调整压差便可以得到相应的流量。

控制阀芯通过不断调整位置保持平衡状态以使其正常工作。当节流开口变小，入口压力就会大于出口压力和弹簧收缩力之和。控制阀芯 5 右移，溢出流量加大，引起泵压力降低，出口流量降低；阀芯 5 回到原位，节流孔压差相对稳定。

相反，如果节流孔开大或负载压力 P_L 增加，入口压力不足以使阀芯保持平衡，控制阀芯 5 左移使变量泵的大柱塞腔增压，泵流量加大，直至比例节流孔上的压降使控制阀芯重新平衡。

由于通过控制阀口 S 处的溢流量必须先通过固定阻尼孔 4，而阻尼孔 4 很小，通过它的流量的微小变化就能引起大柱塞腔控制压力 P_C 较大的变化，因此，这种泵是流量敏感型的。

由以上分析可见，通过比例节流孔的流量仅与节流孔的面积 A 和压差 ΔP 有关，即 $Q = KA\sqrt{\Delta P}$，压差 ΔP 可通过调节弹簧 6 来调定，工作中自动保持恒定。所以，通过比例节流孔的流量不受泵的容积效率、转速波动及负载变化的影响，控制流量的精度很高。

事实上，控制阀 5 是一个微小流量的定差溢流阀，它与比例节流阀 3 组成了定差溢流型调速阀。而通过阻尼孔 4 的微小溢流量的变化，将引起较大的 ΔP_C 变化，给变量泵提供必要的压力补偿作用。下面介绍比例流量调节型变量泵的调速回路。

图 4-16 所示是一种带有压力调节功能的比例流量调速回路。比例流量调节变量泵通过控制流量，与泵工作压力相适应，并具有自动补偿流量功能，从而具有稳流量性质。这种性质依靠容积节流得以实现，当大流量通过时节流损失随之增大。

它的调速原理是：负载压力 P_1 升高→调节阀芯的弹簧腔压力升高→调节阀芯左移→调节阀芯的开口量 S 减小→调节阀芯的溢流量下降→调节阀芯的左端大腔压力 P 升高，这样保持比例节流阀两端压差不变。

若比例节流阀开口开大（即比例阀节流口两端的 $\Delta P \downarrow$，即比例节流阀的出口压力变大）→调节阀芯的弹簧腔压力升高→调节阀芯左移→调节阀芯的开口量 S 减小→调节阀芯的溢流量下降→调节阀芯的左端大腔压力 P 升高，这样保持比例节流阀进出口两端 ΔP 不变，直到调节阀芯回复到原来的平衡位置。

负载压力 P_1 下降→调节阀芯的弹簧腔压力下降→调节阀芯右移→调节阀芯

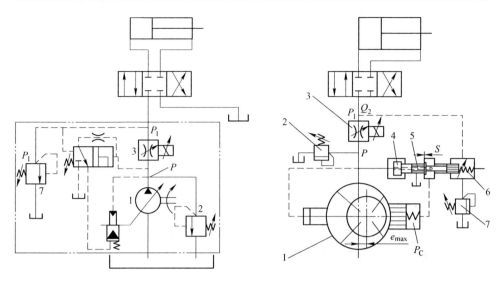

(a)   (b)

图 4-16 比例流量调节容积节流调速回路（带压力调节的双向调速）
（a）职能符号；（b）半结构原理图
1—变量叶片泵；2—安全阀；3—比例节流阀；4—固定阻尼孔；
5—控制阀芯；6—弹簧；7—压力调节阀

的开口量 S 增大→调节阀芯的溢流量变大→调节阀芯的左端大腔压力 P 下降，这样保持比例节流阀两端压差不变，直到调节阀芯回复到原来的平衡位置。

若比例节流阀开口关小（即比例阀节流口的 ΔP 升高，即比例节流阀的出口压力变小）→调节阀芯的弹簧腔压力下降→调节阀芯右移→调节阀芯的开口量 S 增大→调节阀芯的溢流量变大→调节阀芯的左端大腔压力 P 下降，这样保持比例节流阀两端压差 ΔP 不变，直到调节阀芯回复到原来的平衡位置。

从以上知，负载压力 P_1 升高或下降时，泵的出口压力 P 就会跟着升高或降低，从而使比例节流阀的进出口两端压差保持不变，即比例节流阀的输出流量不因负载变化而受到影响。这种泵通过节流阀的电流变化引起相应的流量变化，从而实现控制流量的目的；同时泵压力和负载压力应成一定比例关系，随着负载压力趋小相应的泵压力也变小。

由于通过控制口 S 处的溢流量必须先通过固定阻尼孔 4，通过它的微小流量变化，就能引起大柱塞腔控制压力 P_C 较大的变化，因此这种泵是流量敏感型的。

由上述过程可以看出，其出口压力和负载也成一定比例关系，可以将其称为功率适应型变量系统。

如图 4-16（a）所示，手动压力调节阀 7 调节节流压力到一定数值时，可以自动减少流量排出，输出压力相应变化直到流量为零。但要安装溢流阀以稳定活塞，防止出现不必要的移动。这种泵的缺点也是明显的，由于节流损失会引起系统发热，大功率机器应避免使用。

4.3.3　比例压力-速度控制回路

　　把上两节中介绍的比例调压和比例调速回路按需要组合起来，可以构成多种能够同时对系统的压力和速度进行比例控制的回路。在比例控制技术中，还有多种专用于达到此目的的比例 P-Q 复合控制元件。在一些应用中，用它们构成电液比例系统时，可使系统更简洁，性能也会得到提高。属于这类系统中常见的有比例溢流节流控制的 P-Q 阀供油系统和容积节流控制的比例 P-Q 变量泵供油系统。

4.3.3.1　比例压力-流量复合阀供油回路

　　采用比例压力-流量复合阀与定量泵构成供油回路，利用电气遥控调压调速，可使系统变得非常简单，且控制性能也相当好。这种回路的液压原理如图 4-17 所示。它在中档经济的注塑机中有较广泛的应用。P-Q 复合阀在系统主回路中，利用方向阀的选择，既可对多个执行器进行压力控制，又可进行多级流量控制。目前大部分注塑机新品种开发或传统产品升级均采用比例 P-Q 阀以及可编程控制器（PLC）技术。

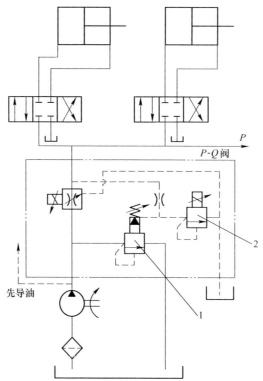

图 4-17　比例 P-Q 复合阀调压调速回路

1—主溢流阀；2—先导比例溢流阀

使用这种系统时，主溢流阀 1 中的先导阀应按系统的最高工作压力来调整，以便在必要时提供压力保护。而各种阶段的压力则由有远程控制功能的先导比例溢流阀 2 的控制电流确定。先导油应引至各个需要先导控制的地方。本例中的 P-Q 复合阀是利用定差溢流阀来做压力补偿的。实际应用中也开发了定差减压型的 P-Q 复合阀（块）。控制流量的精度后者较优。但从节能效果来看，因定差溢流型的系统具有压力适应功能，所以供油过程中没有多余的压力损失，比较节能。相反，采用定差减压型的 P-Q 阀（块），则需要设置一个足够大的溢流阀来溢流和稳压。

4.3.3.2 比例压力-流量调节型变量泵供油回路

由于电液比例压力-流量泵既可以实现比例压力控制，又可以实现比例流量控制；既可流量自适应，又有压力自适应，故是最理想的供油系统总成泵。由它实现的调压调速系统如图 4-18 所示。功能上，它除了能够完成由比例 P-Q 阀所能实现的功能外，还能实现更复杂的功能。

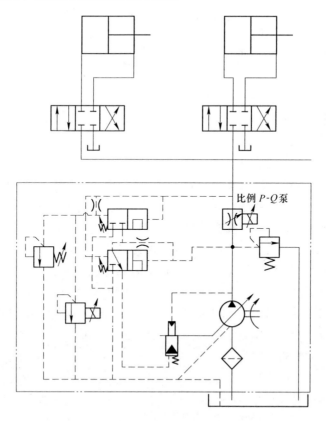

图 4-18　比例 P-Q 变量泵调压调速回路

　　该回路通过两个压力补偿阀调节压力和流量，也就是比例压力-流量调节组合。它在容积节流基础上采取变量泵和比例节流阀相结合的方式，增加控制变量的定差溢流阀 5 和定压溢流阀 4，从而调节压力和流量比例。当比例溢流阀 7 不溢流时，在比例调节阀 3 被定差溢流阀 5 固定压差的情况下定差溢流阀弹簧收缩力和比例节流阀 3 的电流决定了泵输出的流量，这就是比例流量调节。

　　当溢流阀 7 发生溢流时，定压溢流阀 4 没有定压差作用，阀芯在压力下左移，定压溢流阀 4 开始溢流，即意味着变量叶片泵的大柱塞腔压力油通过阀 4 流进油箱，泵偏心距缩小，其流量随之减小。随着负载压力增大，变量机构使泵的偏心距回到零位置，最终导致节流。这种控制回路的流量和压力在一定范围内可以根据工作情况予以设定。但是也要注意在压力较低的情况下会产生工作参数不稳定状态。

　　比例 *P-Q* 泵供油系统的调压调速通常由 PLC 控制或微机进行控制，用在工作循环复杂，工况变化频繁，动、静特性都要求较高的地方。由于泵的价格昂贵，只用在高档次的注塑机、挤压机或其他要求很高的机器上。

4.3.4　电液比例方向及速度控制回路

4.3.4.1　对称执行器的比例方向控制回路

　　对称执行器由液压马达、面积相等的双出杆液压缸和面积接近相等的单杆液压缸组成，它由封闭型和加压型以及泄放型的比例方向阀控制。以下为对称执行器的工作原理和特点。

　　A　封闭型（O 型）比例方向阀换向回路

　　当阀门处于中位时，这种类型回路执行器封闭了进油口和出油口，活塞也处于被锁定状态。随着负载压力变大，阀芯过快转换会引起一系列不良反应。当一个腔的压力突然升高或降低都会出现抽空现象，从而引起运转不正常。所以在运用这种回路时要采取措施防止抽空现象发生。相应地，当负载压力大幅降低，出口侧节流口压力差也相应快速增加，液压左腔出现抽空，这个设备运转速度不可控。所以当出现较大负载压力时一定要采取相应措施。如图 4-19 所示。

　　使比例阀芯缓慢的返回中位可以避免出现空穴以及消除与惯性有关的压力峰值，但控制电器的误动作或停电都会使阀芯迅速返回中位。可见，单依靠阀芯的返回特性是不可靠的。

　　图 4-19 (b) 中的执行器是对称液压缸，也可以是液压马自达。溢流阀具有调整压力作用。两个单项阀门具有被抽空时补油的作用。在整个液压系统中除油马达之外部分的回油和补油单向阀门相连接，再配以具有调整压力作用的背压阀，可以起到较好的防真空效果。

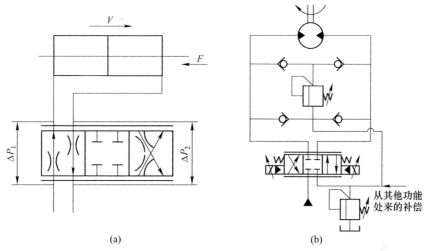

图 4-19　O 型阀控制换向调速回路（带双向泄油溢流阀）

（a）换向时压差的变化；（b）双向泄压及补油回路

B　加压型（P 型）比例方向阀换向回路

图 4-20 所示为 P 型比例方向阀位于中位，这种设计方式通过微小补油措施预防真空损坏设备。这种系统对于较小惯性系统能起到很好的效果。但是对于较大的惯性系统，要加装限压溢流阀以避免真空现象。

需要说明的是这种设计方式对于对称执行器是有效的。但是对于差动缸，其经过的流量不足以补偿需要的流量，会导致真空或空穴现象，伤害系统。当缩回行程时，小腔不足以收容大腔来的油液，因而也不能提供足够的压力保护。因此，跨接式溢流阀用于压力保护

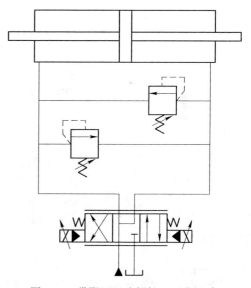

图 4-20　带限压溢流阀的 P 型向回路

时，只被推荐用于对称执行器。也正是这一原因，P 型阀几乎不能用于差动缸；而且，当阀处于中位时，还有可能使液压缸产生缓慢地移动。

在使用过程中要注意液压马达是外排还是内排，如果是向内部排出，那么 P 型压力阀向两边施加的压力可能损坏马达密封系统。

4.3.4.2 非对称执行器的比例方向控制回路

图 4-21（a）里的非对称执行器是面积比等于或近似等于 2∶1 的液压缸。其中泄放型（Y 型）的比例方向阀起到控制整体系统的作用，当它位于中间时进油口处于关闭状态，两个工作油口连接油箱，从而起到减压作用。

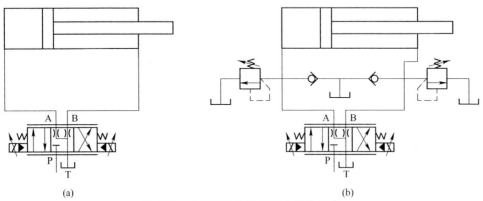

图 4-21 差动缸的换向及压力保护回路

一般情况下普通 Y 型阀可以起到控制液压缸是否处于浮动状态，但是比例 Y 型阀却没有这个作用，当它工作时两个工作腔经过的流量较小，不能从油箱吸取用于防止真空出现的油，所以需要设计新的回路。

图 4-21（b）的回路设计能够较好地防止空穴现象以及惯性压力破坏。两个单向阀门开启压力很低起到空穴补油作用。溢流阀通过工作腔连接油箱能够避免压力过高损坏设备。由于上面提到的差动缸保护性效果较差，需要改进单向阀，不仅使其开启压力降低，而且要改善油管尺寸以及油路连接问题。

特别提醒的是不要使用大活塞杆差动缸，它的 O 型阀芯位于中位时内泄会造成液压缸压力加大，特别是阀芯长时间停留在中位。当面积比很大时，在有杆腔内增高了的压力可能会使密封破坏。以上这些问题，设计选用时都应注意到。

4.3.4.3 比例差动控制回路

下面研究的差动控制回路中使用的差动缸面积比是 2∶1，且比例阀的两条主油口的开口面积比也是 2∶1。不像传统的差动回路通常只有一种差动速度，比例差动回路可以对差动速度进行无级调节。有几种方法可以实现差动控制，所使用的比例阀芯的形式通常是 Y 型和 YX 型。由于比例阀的阀芯是处在连续工作位置的，很容易制造成专门适合于实现差动控制的阀芯，使差动回路简化。

图 4-22（a）所示是一种典型的差动回路。它是利用 Y 型阀芯实现的，左电磁铁通电时差动向前控制，右电磁铁通电时返回。可以看出，在两个方向上速度连续可调，而普通方向阀的差动速度不可调。差动速度的调节是控制从 P 到 A

的开口面积变化来实现的。由于在 B 管处装入单向阀，使阀芯中位时不具 Y 型
阀的特点。为此，可以把一个节流小孔与单向阀并联，如图 4-22 所示。

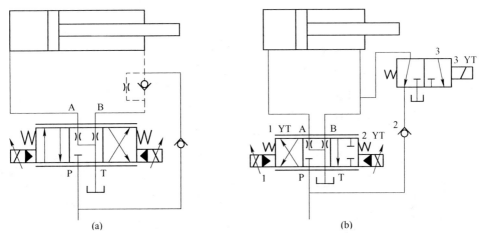

图 4-22　Y 型阀差动回路
1—Y 型比例方向阀；2—单向阀；3—二位三通换向阀

　　也可以利用 YX$_3$ 型阀芯来实现差动，事实上 YX$_3$ 型阀芯是专门用来实现差动
回路的。这种 YX$_3$ 型阀芯的差动回路如图 4-23（a）所示，它只需使用一个单向
阀。显然这种差动回路想要获得最大推力，可在有杆腔出口处加上一个二位三通
电磁阀，来改变该处的油路通油箱即可，如图 4-23（b）所示。

　　也可以采用特殊的阀芯来实现，如图 4-23（b）所示，这是一个四位阀，要
获得这种阀是很容易的，只要通过加工阀芯即可。图 4-23（b）所示的控制回路
可以做外伸运动实现连续无级调速，其最大速度由差动回路确定，因而加大了调
速范围。差动连接平滑地过渡到最大推力连接，使回路大为简化。因此，这种差
动型比例阀有推广实用价值。

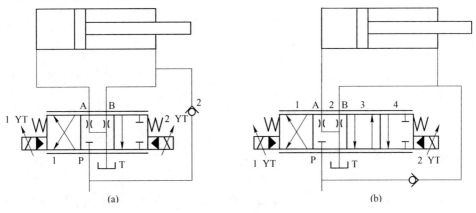

图 4-23　比例差动回路
（a）YX$_3$ 型阀差动回路；（b）特殊阀芯差动回路
1~4—阀位

这种回路的外伸工作过程是，当无输入控制信号时，阀位 2 是自然中位，活塞不动。当从放大器来的控制信号处在较低水平时，阀的工作位置逐渐过渡到 3 的位置，这是全力工作模式，液压缸提供最大的加速力，使活塞尽快加速，当达到全流速度后，如果继续增大控制电流，则阀位由 3 过渡到 4，这时就是差动工作模式。这是由于 B 到 T 的油路被关闭，使油液通过单向阀与 P 结合，形成最高流量，活塞这时的速度为最大，并且与信号成比例可调。在行程末端，控制信号回复到较低水平，活塞又工作在全力模式，完成需要的工作循环。图 4-24 所示为四位专用差动阀在工作过程中的控制电流与行程的关系曲线。从图中曲线可以看出，两种工作模式可以平滑转换。其突出的优点是，在工作压力及流量不变的情况下，在启动时可获得最大加速力，在空行程中可获得可调的差动快速，且在工作行程中又可获得最大推力。

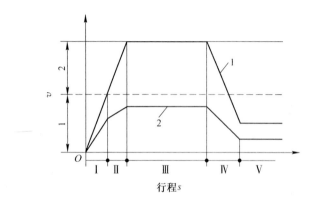

图 4-24　差动阀的控制特性

1—全力模式；2—差动模式；Ⅰ—全力加速段；Ⅱ—差动加速段；
Ⅲ—差动快速段；Ⅳ—减速过渡段；Ⅴ—全力工作段

4.3.5　比例方向阀的进口节流压力补偿控制回路

电液比例方向阀的控制油口本质上只是一个可变节流口。对于给定的信号，它只改变孔口的通流面积。而流量通过孔口时，不但与孔口的面积有关，还和孔口的压力降的平方根成正比。所以，只控制面积而不对压力差的变化加以限制，控制流量的精度不会很高。如果要求维持节流口前后压差不变，这时负载压力补偿就成为必要。

负载压力补偿的原理是利用节流阀的出口作为参考压力，采用定差减压阀或定差溢流阀来调节节流口的进口压力，使它与出口压力维持在一个恒定的差值上，就像普通的调速阀中的压力补偿一样。但把这种原理用于四通比例方向阀时，必须有某些特殊的考虑。

4.3.5.1 进口节流压力补偿阀

用于压力补偿的元件有二通定差减压阀、三通定差减压阀和定差溢流阀。进口节流压力补偿阀是一种专用于对比例方向阀的节流口进行补偿的阀，它分为叠加式与插装式两种。叠加式中又有两种形式：一种用于单向压力补偿，用于常规设计，它带有压力反馈油口，使用时与节流口出口压力相连；另一种用于双向压力补偿，它内部带有梭阀，连接于油口 A 与 B 之间，用来选择反馈压力信号。

A 单向叠加式压力补偿阀及其基本回路

单向叠加式进口节流压力补偿阀使用时安装在比例方向阀与底板之间。这种补偿阀采用的补偿元件是三通定差减压阀，它与二位四通阀的连接情况如图 4-25 所示。使用时需用一外接油管把反馈压力信号接入反馈油口 X 处。如图 4-25 (a) 所示，如果油口 A 与 X 接通，压力补偿器用作从 P 到 P_1 的减压器，并调节 P_1 使通过比例阀从 P_1 到 A 口的压力降保持不变。

如果在 X 油口处接入一个溢流阀，如图 4-25 (b) 所示，则这种阀同时是 P 到 A 孔的减压阀，在保持 A 孔的压力不变的同时，保持 P_1 与 P_A 压差不变。这种回路对 A 孔可限制传动装置的最高工作压力，即具有限压功能。当 A 孔的压力过高时，溢流阀流量通过油口 T 流回油箱，在 A 处的任何快速的压力变化将很快消失，所以在 A 处不会出现过高的压力峰值。

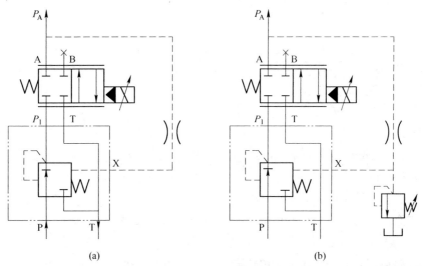

(a)　　　　　　　　(b)

图 4-25　单向压力补偿阀原理及基本回路

图 4-26 所示就是这种单向补偿阀（三通定差减压阀）的结构图。叠加式的补偿阀主要由阀体 2、控制阀芯 4、控制弹簧 6 及推板 5 和端盖 7 构成。节流口的进口压力 P_1 经节流孔 3 作用在阀芯左端，节流口的出口压力 P_A 经油口 X（图

4-25）作用在阀芯右端弹簧腔。如果 P_1 与 P_A 的压差小于 0.8MPa，控制弹簧 6 和推板 5 使滑阀处于 P_1 至 P 打开的位置，使 P_1 的压力升高，从而维持 P_1 与 P_A 的压差不变；如果压力差超过 0.8MPa，滑阀向右运动逐渐关闭阀口，使 P 至 P_1 的减压作用加强，即 P_1 压力降低，同样维持 P_1 与 P_A 的压差不变；如果压力 P_1 增长过快，阀芯右端受到此压力的作用后，瞬时猛推阀芯向左，使 P_1 与回油口 T 接通，于是 P_1 迅速回落直至再次建立压力平衡，因而可以避免 A 孔或 B 孔出现压力峰值的可能性。如果采用不同的阀芯，可以构成二通式压力补偿阀。

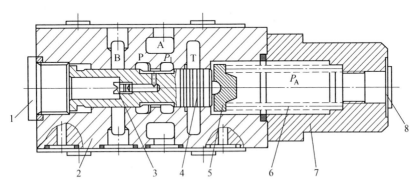

图 4-26　单向压力补偿阀的结构

1—堵塞；2—阀体；3—节流孔；4—阀芯；

5—推板；6—控制弹簧；7—端盖；8—螺钉堵头

B　双向压力补偿阀

双向压力补偿阀用于对执行器的两个运动方向上的负载压力进行补偿。它与单向压力补偿阀的差别仅在于在盖板上增加了一个梭阀，梭阀的作用是自动地选择高压侧的压力作为反馈压力。这种阀也是叠加式的，与单向的安装方法相同，但可以省去外接的反馈油管。

双向压力补偿阀可分为二通型和三通型。其工作原理上的差别在于二通型的采用定差减压阀作为压力补偿元件，而三通型的采用定差溢流阀作为压力补偿元件。它们的工作原理如图 4-27 所示。只要控制进入比例方向阀的电流，便可以提供一个从 P 到 A 或从 P 到 B 的恒定流量。

进口节流叠加式双向压力补偿阀的结构如图 4-28 所示。该阀主要组成包括阀体 1、梭阀 2、阀盖 7、控制阀芯 4、带推板 5 的补偿弹簧 6。控制阀芯右边作用着比例阀的进口压力 P_1，左边作用着经梭阀而来的出口压力 P_A 或 P_B。此外，控制弹簧还施加一个约为 1MPa 的压力也作用在左边。当流过比例阀节流口的压差小于此值时，补偿阀处于开启状态。一旦此压差超过时，阀芯左移，从 P 到 P_1 的开口状态维持阀芯受力平衡。因而保持流经比例阀的压差为 1 MPa，使输出流量恒定，无论是比例阀的进口或出口压力发生变动，从 P 到 P_1 的开口状态都

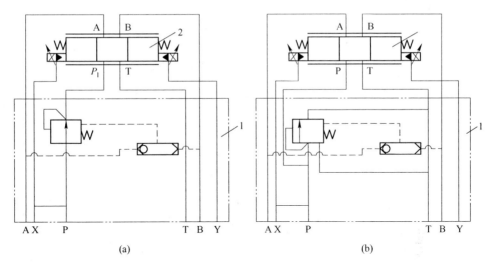

图 4-27 双向压力补偿阀原理图

（a）二通型；（b）三通型

1—补偿阀；2—比例方向阀

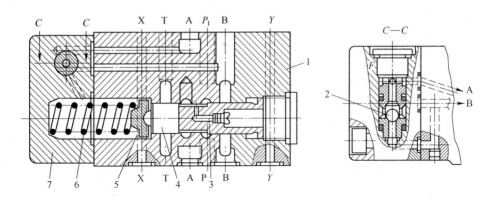

图 4-28 叠加式双向压力补偿阀的结构图

1—阀体；2—梭阀；3—节流孔；4—控制阀芯；5—推板；6—补偿弹簧；7—阀盖

将发生变化，使压差向相反的方向变化，直至重新建立平衡为止。

　　值得指出的是，如果压力 P_1 增长过快，阀芯右端受到此压力的作用后，瞬时猛推阀芯向左，使 P_1 连通回油 T。于是 P_1 迅速回落保持阀芯的受力平衡，因而可以避免 A 孔或 B 孔出现压力峰值的可能性。

4.3.5.2　对称执行器的进口压力补偿回路

　　用于对称执行器的一种压力补偿回路如图 4-29 所示。但对这种回路应小心使用，主要问题是梭阀能否正确地选择反馈信号。

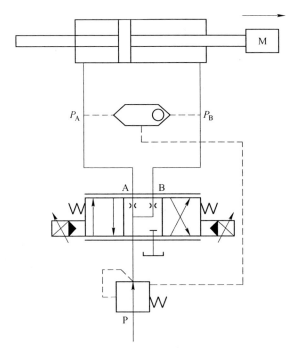

图 4-29　摩擦负载为主的对称执行器进口压力补偿回路

　　这种回路的应用场合很有限，主要适用在速度变化缓慢，运动部件惯性质量不大，以摩擦负载为主，并且要求电气减速信号不能太快的场合。

　　因为对称执行器两边面积相等，在加速段和匀速段时间内，P_A 总是大于 P_B；在减速段内系统有足够的摩擦力供减速用，或者制动力是纯摩擦，所以 P_B 可以等于 P_A，但不会大于 P_A。只有在这样的情况下，梭阀的功能才能正常发挥，反馈的压力才是真正的负载压力。如果是以惯性负载为主的场合，常用的方法是采用差动缸的压力补偿方法（见下一节）或改用出口节流压力补偿。

4.3.5.3　差动缸的双向压力补偿

　　如果把油路图 4-29 中的油缸改为差动缸，P_A 和 P_B 的情况就很少如上小节描述的那样，图 4-30 可以用来说明这种情况，差动缸 P_A 和 P_B 的关系取决于负载的大小。设活塞作外伸运动，忽略摩擦力，由活塞的力平衡方程得：

$$P_B = \frac{A_1}{A_2}P_A - \frac{F}{A_2} \tag{4-4}$$

设液压缸的面积比为 2∶1，则由式（4-4）得：

$$P_B = 2P_A - \frac{F}{A_2} \tag{4-5}$$

如果 F 较小或超过负载，又或 A_1 / A_2 较大时，P_B 将远大于 P_A，其后果是梭阀检测到的压力是 P_B 而不是 P_A，使反馈的压力并非真正的负载压力，失去了原来压力补偿的意义，且可能会引起通过孔口的流量增大，所以这种回路不能直接应用在差动缸的场合。

A　用电磁换向阀选择反馈压力的进口压力补偿

差动缸进口压力补偿的实用回路之一是利用一个二位三通电磁阀代替梭阀来选择反馈的压力信号，如图 4-31 所示，这样可避免不正确的压力反馈。当液压缸外伸运动时，保持电磁铁 1DT 不通电，减压阀弹簧腔感受到的压力只能是 A 腔的压力。而液压缸退回时，1DT 和 2DT 同时通电，这时的反馈压力是 B 腔的压力。这样就不管 A 腔或 B 腔的压力如何变化，均能获得正确的负载的进口节流压力补偿作用。

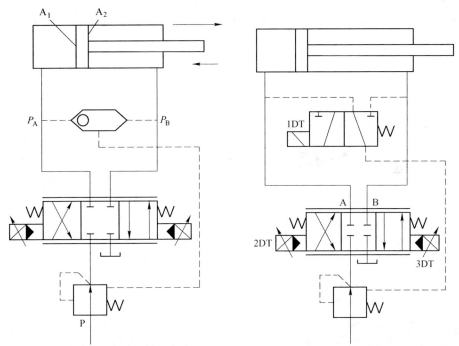

图 4-30　活塞外伸行程时反馈压力为 P_B　　图 4-31　用电磁阀代替梭阀的双向压力补偿回路

这种进口压力补偿回路也存在不足，这种回路的制动力主要靠摩擦力和比例方向阀的节流产生，当负载为大惯性质量时，液压缸的两腔容易出现压力尖峰值或空穴。

B　带压力保护的双向压力补偿回路

一种典型的采用双向压力补偿阀的进口节流压力补偿的应用回路如图 4-32 所示，为了使梭阀只感应正确的负载压力，以及为了防止减速制动时出现高压，在 A 和 B 油管上分别装有单向阀 1 和负载相关背压阀 2。

　　不管比例方向阀处在左阀还是右阀位，梭阀都能选择供油侧的压力作为反馈信号，梭阀的另一侧通过比例方向阀不使用的通道连通油箱。

　　由于在油路中两个单向阀的左右，使旁路连接的负载相关背压阀具有以下三个作用，即它可以提供防止由负载引起的压力尖峰，提供重力平衡和制动力。事实上，由于背压阀的旁路作用，使液压缸的回油经背压阀回油箱，比例方向阀只起到进口节流的作用。在这个回路中，负载也充当平衡阀的作用，背压阀的设定压力按最高工作压力调整。

　　图 4-33 所示的回路本质上与图 4-32 所示的完全一样，差别仅是前者利用传统减压阀代替补偿阀作压力补偿，减压阀的先导控制腔与梭阀连接，工作时，减压阀的先导控制腔只能感受到供油压力，即负载压力，由此负载压力结合弹簧力决定比例阀的进口压力。因此，采用普通减压阀的优点是可以通过设定减压阀的先导阀来调节通过比例阀的压差。这样，在给定的比例阀的输入下，可以获得准确的流量，或者是对执行器速度实现精确控制。

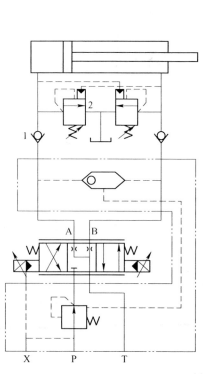

图 4-32　带压力保护的双向压力补偿回路

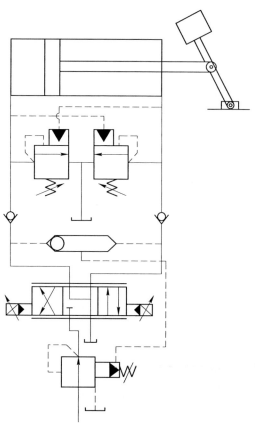

图 4-33　用普通减压阀的压力补偿回路

C 用滑阀内部通道配合的压力补偿回路

通过特殊的加工，把比例方向阀的内部通道加工成合适的连通状况，再配合定差减压阀，便可组成具有进口节流压力补偿功能的回路。图 4-34 就是这种组合的原理图，这种回路可以取消梭阀，且不管工况如何，由比例阀阀芯保证只反馈供油侧的压力，使用这种回路时，可以选用叠加式先导控制的减压阀作为压力补偿元件，通过调节减压阀来实现在给定输入信号下的准确流量控制。

D 带制动阀的压力补偿回路

为了保证双向进口压力补偿在各种情况下都能正确选择反馈压力，并且在减速制动的过程中能有效防止气穴的产生，可以选用带制动阀的双向进口压力补偿回路，其回路图如图 4-35 所示。

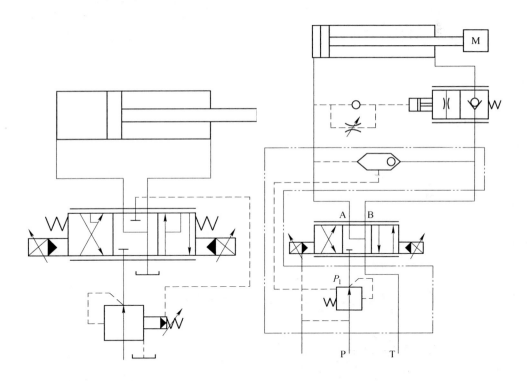

图 4-34 滑阀内部通道配合的压力补偿回路   图 4-35 带制动阀的压力补偿回路

制动阀 4 有两个主要功能：其一是具有可控制单向截止阀的功能，截止时无泄漏，在相反方向可自由流通；其二是可根据执行器一侧流进的流量限制执行器另一侧的流量。在减速制动过程中，比例方向阀的阀芯向阀口关闭的方向运动，节流口减小，使输入无杆腔的流量减小，压力下降，导致制动阀左移产生制动作用，因而 B 管的压力不会过分升高，且由于制动阀的作用，使进入执行器的流量连续可控，并被平稳地制动，防止了空穴的产生。由于制动阀具有支承的作用，该回路还可应用于具有自重下滑和超越负载的场合。

4.3.6　比例方向阀的出口节流压力补偿控制回路

出口节流压力补偿可以采用减压阀或插装阀来设计，还可以采用专用的出口节流压力补偿器。虽然出口节流能承受一定的超越负载能力，但由于有杆腔的增压作用，所以较少应用。

4.3.6.1　单向出口节流压力补偿

在图 4-36 中，采用一个普通的先导式减压阀，与比例方向阀适当连接，即构成了单向的出口节流压力补偿，可在较低的压差下获得准确的流量。显然，如果需要液压缸活塞杆在伸出和缩回两个方向上进行精确调速，则在油孔 A 侧也串入一只相同的减压阀即可，如图 4-37 所示。减压阀的先导油泄腔与回油腔 T 相连接。

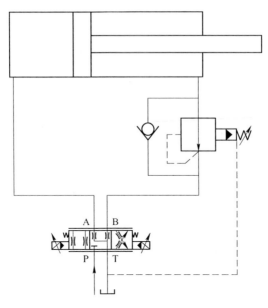

图 4-36　单向出口节流压力补偿回路

但是这种回路存在一个问题就是在有杆腔会产生高压，特别是在超越负载和大直径活塞杆的情况下更为严重。在使用前应认真计算可能出现的高压，并应采取适当的措施；否则液压缸的密封，甚至缸体都会因超压而造成损坏。对于更大的活塞直径，问题会更为严重。因此，在液压缸承受超越负载外伸行程时，必须对液压缸的各压力进行分析，理解和评估可能出现的问题。这种单向出口节流压力补偿回路在实际应用中较少。

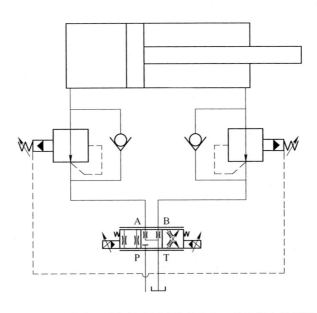

图 4-37　两个方向上进行精确调速的单向出口节流压力补偿回路

4.3.6.2　出口节流压力补偿器控制回路

对于双向负载的工作系统，采用进口节流的压力补偿器有一定的缺点，就是有可能不能正确选择反馈压力，尤其在减速过程制动中，使其丧失压力补偿的功能。这时可以加上像制动阀一类的支承元件（见图 4-35）；还可以采用出口节流压力补偿器，出口压力补偿器控制的液压回路图如图 4-38 所示。双点画线框内为一种叠加式的出口压力补偿器的液压原理图，其结构原理如图 4-39 所示。为了方便阅读理解，两图中相同元件的标号相同。使用时比例方向阀叠加在图 4-39 所示的补偿器上部，A、B 油口与比例阀对应油口串联，T 油口也需经比例阀的回油口通向油箱。在图 4-38 中，可以选用 Y 型或 O 型中位机能的比例方向阀。选用 Y 型其目的是使非工作状态时 A 管和 B 管卸荷。

出口压力补偿器具有三种功能：

（1）无泄漏的重力平衡功能。

（2）当 A 管或 B 管与油箱连接时，平衡超越负载功能。

（3）当 A 管或 B 管经过比例换向阀节流孔回油箱时的出口负载压力补偿功能。

虽然出口补偿器具有三种功能，但由于功能（2）和（3）的条件是相矛盾的，故只能同时获得两种，即要么同时获得（1）和（2），要么同时获得（1）和（3）功能。对功能（2）和（3）的选择还要取决于回路的设计，即适当改变设计回路，如图 4-38 和图 4-40 所示。下面分别说明这几种功能的实现。

A　静态重力平衡

当比例阀处在中位时，比例阀和补偿器之间的 A 管和 8 管（见图 4-38 和图 4-39）通过中位通道或小孔通油箱，使 1a 和 1b 的控制腔 2 压力为零，作用在控制活塞上的所有液压力为零，先导控制的主锥阀复位并锁住负载。

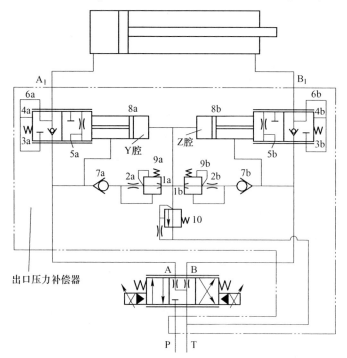

图 4-38　重力平衡和出口压力补偿器控制回路

1a，1b—减压节流孔；2a，2b—固定阻尼小孔；3a，3b—主阀芯复位弹簧；4a，4b—控制油路；
5a，5b—主油路；6a，6b—控制油口；7a，7b—单向阀；8a，8b—控制活塞；
9a，9b—减压阀弹簧（控制活塞复位弹簧）；10—溢流阀

这时由负载形成的背压经主锥阀的径向孔和先导锥阀的轴向孔进入主锥阀的弹簧腔，主锥阀弹簧的预压缩力相当于 0.4MPa 的压力作用，这样这个力与负载产生的背压一起把主锥阀锁定在关闭的位置上。由于锥阀密封，可以做到无泄漏。

B　重力平衡和出口压力补偿

如图 4-38 所示，该原理图除了能保持静态重力平衡外，还可实现出口节流压力补偿功能。当三位四通比例方向阀左边电磁铁得电时，液压缸活塞杆伸出，泵的输出流量推开单向阀 6a（见图 4-39）从 A 进入 A_1，同时管路 4a 腔、9a 和 Y 腔升压使控制活塞 10a 处于平衡状态。由于 A 管油路同时经过 2a、1a 直至 2 腔，

使活塞 10b 右移，在这时先导流量也已形成，先导流量经固定节流孔 2a 和可变节流孔 1a 后从溢流阀 12 或小孔流回油箱。固定节流孔 2a 与可变节流孔 1a 及弹簧 11a 构成了一个 B 型半桥的流量稳定器，因此通过溢流阀 12 或小孔的流量为恒值。溢流阀或小孔产生的背压设定在 1.2MPa。

此时，Z 腔从通道 1b 处感应出 1.2MPa 的压力，推动活塞 10b 的轴向孔、先导锥阀 5b 的头部阀口和轴向孔 4b 进入弹簧腔 3b。

至此，B 口的压力作用在先导活塞有效面积相等的面积上，与相当于 0.4MPa 压力的弹簧 3b 一起作用在控制活塞的右侧（忽略了先导锥阀的弹簧力），而控制活塞左侧作用着由溢流阀或小孔产生的 1.2MPa 的压力。在这三个力的作用下，主阀芯将调节开口 8b，以保证 B 口的压力维持在 0.8MPa（1.2-0.4＝0.8MPa）的恒定值上，这个压力使从比例阀的 B 口到 T 口的压差为常数，从而产生出口压力补偿作用。如果在 T 口处有一背压，此背压也必然经溢流阀口或小孔而影响到 Z 腔，于是开启量 8b 增大，仍维持 B 口到 T 口的压降为常数。

当通过比例阀把油口 P 和 B 连接时，A 侧的压力补偿情况与前述的完全相同。

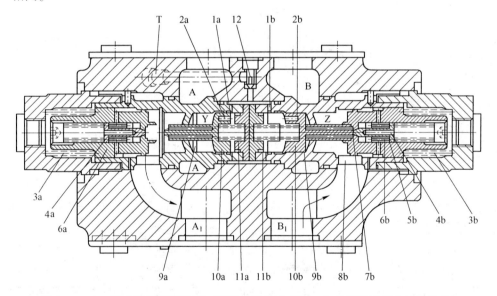

图 4-39　出口压力补偿器结构图（图示位置为 A 进油、B 处回油时压力补偿状态）

1—减压可变节流孔；2—固定阻尼小孔；3—主阀芯复位弹簧；4—先导锥阀芯内油孔；
5—先导锥阀芯；6—主锥阀；7—先导主锥阀开启后形成的通道；8—主阀芯开启通道；
9—径向孔槽；10—控制活塞；11—控制活塞弹簧；12—溢流阀

C　重力平衡和平衡超越负载控制回路

由图 4-37 进行分析计算后已知，差动缸的出口节流在两种情况下产生增压作用：（1）在超越负载，如拉力的作用下；（2）在泵流产生的推力作用下会在执行器的出口产生意想不到的高压。如果这一高压足以危害设备的安全，或在各种工况下，对负载的计算表明增压作用过大，这时应考虑使用出口补偿器的超越负载平衡功能。

　　如图 4-40 所示的液压回路图，负载类型为双向超越负载，采用面积比接近 2∶1的液压缸驱动，如果采用出口节流虽可平衡超越负载的作用，但差动缸的增压作用使有杆腔的压力超过许用值，为此这里采用双向进口压力补偿，使速度不受负载影响，同时还利用出口压力补偿器的平衡超越负载功能。注意当系统发生超越负载时，图 4-40 中的溢流阀 12 的进油压力不能稳定在 1.2MPa，即 2 腔或 Y 腔就不能保证 1.2MPa 的压力，比例换向阀，从 A 到 T（A 处的压力就不能保证 0.8MPa）和从 B 到 T（B 处的压力就不能保证 0.8MPa）是不具备稳定压差功能的，所以不起稳流调节作用，结果是 B 处的压力经常为零，因此出口压力补偿器此时没有出口压力补偿功能，而在此只能起到重力平衡和平衡超越负载（平缓刹车减速）的作用。比例阀只能进口压力补偿，在这个回路中，进口压力补偿是利用叠加式进口压力补偿器来实现的。

　　由于比例阀的通道 B 几乎没有背压，所以只有约 0.4MPa 的弹簧力作用在主锥阀 6b 的关闭方向上。设比例阀转移到由 P 向 A 供油位置，并形成节流作用，开始工作时是阻性负载，在 A 管处产生较高的压力。

　　如果这一高压足以在流量稳定器 1 处产生先导流量，则在节流孔 2（或溢流阀 12）前产生一个 1.2MPa 的压力。这一压力将会克服 0.4MPa 的 3b 弹簧力，控制活塞 10b 把主锥阀完全打开，这时仅有进口节流压力补偿起作用。

　　如图 4-40 所示，当负载运动到达中间位置后，阻性负载变成超越负载（动力性负载），因而从 A 到 A_1 的管道中的压力下降，当先导流量入口的压力低于 1.2MPa 时，它的出口压力也必然下降（刚好在中间位置之前）。随着负载下降运动，主阀芯 6b 与阀座形成的节流孔 8b 起着充分的节流作用，足以防止负载的超速下降。

　　随着负载下降，液压缸的有杆腔所产生的压力仅为 0.4MPa，即作用在控制活塞 10b 的压力（Z 腔的压力）下降到 0.4MPa 时达到调整点，在这一点上，弹簧 3b 有足够的力使主阀芯关闭。负载速度始终处在由进口节流压力补偿决定的受控状态，反向时情况相同。

4.3.7　插装元件的压力补偿回路

　　实际上任何液压控制功能都能用插装阀来实现，插装阀是专门设计用于组成集成块的。当需要把压力补偿比例阀装在油路板上时，采用插装阀的压力补偿回路，具有结构紧凑、易维修的特点。

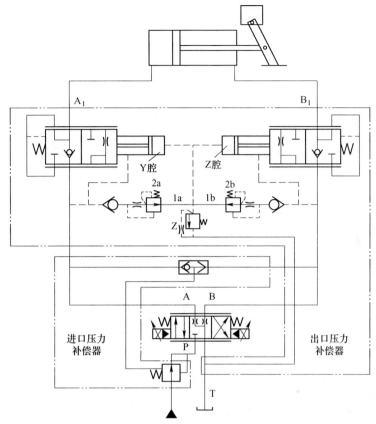

图 4-40 进口压力补偿和平衡超越负载回路

1a, 1b—流量稳定器; 2a, 2b—节流孔

插装阀由插装组件与盖板组成, 而插装组件又是由阀套 1、阀芯 2 和偏置弹簧 3 组成的, 它被插装在集成块多路板上, 而盖板安装在插装组件的顶部。盖板有两个功能, 即把插装组件固定在孔内和控制插装组件的先导油流。比例方向阀的压力补偿可以采用插装溢流元件或减压元件来实现, 如图 4-41 所示。

4.3.7.1 减压型进口节流压力补偿

减压型压力补偿是指采用定差减压组件作为补偿元件, 因定差减压阀只有两条主油路, 故有时被称作二通阀。二通型进口节流压力补偿的油路原理如图 4-42 所示。

压力补偿可以从比例方向阀中的 P 孔到 A 孔或从 P 孔到 B 孔选择。通过更换不同刚度的弹簧来改变横跨比例阀口的恒定压差, 压差通常设为 0.5 ～ 0.8MPa。如果想要获得可调压降的二通型的进口节流压力补偿, 可以采用图4-43 所示的回路。

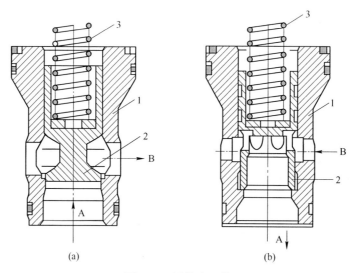

图 4-41　插装式组件

（a）溢流组件；（b）减压组件

1—阀套；2—阀芯；3—偏置弹簧

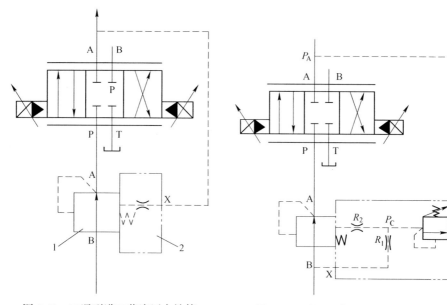

图 4-42　二通型进口节流压力补偿

1—减压组件；2—盖板

图 4-43　可调压降二通型进口压力补偿

这种回路是在上一种回路的基础上，在盖板处加上一个小型溢流阀构成，本质上这是一个插装式减压阀。在减压元件中的偏置弹簧应选择较软的，它应使该减压阀约在 0.035MPa 的压力下开始关闭，该软弹簧在无压时使减压阀处在常开的位置上。调节溢流阀的调压弹簧可改变横跨比例方向阀的压降，从而准确调节流量。其工作原理是由于溢流阀的设计上有泄油通道使排油口与弹簧腔相通，所以负载感应力 P_A 也作用在溢流阀的弹簧腔上。

溢流时：

$$P_C = P_A + P_{调} \tag{4-6}$$

式中，P_C 为溢流阀溢流压力；$P_{调}$ 为与溢流阀调压弹簧力等价的压力；P_A 为比例方向阀出口压力。

又因为减压元件的偏置弹簧很软，所以平衡时 P_C 与比例阀进口压力 P 相等。于是有：

$$\Delta P = P_C - P_A = P - P_A = P_{调} \tag{4-7}$$

流阻 R_1 与溢流阀组成先导控制的 B 型半桥，对主阀芯的位置进行控制。先导油从减压元件的 B 孔经 X 口引入，对先导液压桥供油。R_1 用于产生必要的压力降，使主阀芯产生动作。R_2 为动态反馈液阻，用于改善阀芯的动态特性。

4.3.7.2　减压型出口节流压力补偿

采用减压单元以及一个合适的盖板，并装置在 A 管或 B 管上，便可构成出口节流压力补偿回路，如图 4-44（a）所示，该回路能使从 A 到 T 的流量不受负载变化的影响。从 A 到 T 油口的压力降取决于盖板上的偏置弹簧，与进口节流时相同，一般也设定在 0.5~0.8MPa 的范围内。为了使减压元件的弹簧腔产生一定的控制力，在油口 T 处加上一个作为背压阀的单向阀是必要的。这个背压通过一个单向阀，能快速反映在控制腔上，提供必要的开启力，使阀快速反应并增加其稳定性。

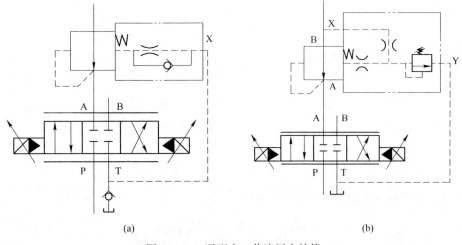

（a）　　　　　　　　　　　　　　　　（b）

图 4-44　二通型出口节流压力补偿

（a）恒压型；（b）可调压降型

可调压差的出口节流压力补偿如图 4-44（b）所示，它的工作原理与进口节流的情况完全相同。在结构上，它与恒压型的不同点是，无须增加作为背压阀的单向阀，因这时直动式溢流阀所需的先导油从减压元件的 B 口经 X 口引入，无须从回油口 T 处取出。从原理上看，如果连接油口 Y 与 T 的油管分开回油，整个补偿阀就是一个普通的插装式先导减压阀。它的先导油引自一次压力油口，而不是二次压力油口，这样可使先导流量更加稳定。它的先导回油口 Y 与比例阀的回油口 T 连接，使减压阀的二次压力跟随回油压力变化，并使减压阀的二次压力失去恒压的性质，而这正是我们需要的定差减压阀的性质。

4.3.7.3 溢流型负载压力补偿

溢流型负载压力补偿采用一个定差溢流阀作为压力补偿元件，它由溢流插装单元组件和一适当的盖板单元构成。由于它有三个主油口，有时又被称为三通型压力补偿器。元件顶部的偏置弹簧对阀芯的作用力相当于 0.5~0.8MPa 的压力作用，这个压力确定了横跨比例阀节流口的恒定压差。

图 4-45 所示是三通压力补偿器用于对比例阀节流口进行压力补偿的情况。只要进口处的压力 P_P 大于出口处的压力 P_A 与偏置弹簧力（0.5~0.8MPa）之和，定差溢流阀就开启，导致 P_P 下降直至重新建立阀芯的受力平衡。可见供油压力追随负载压力变化。P_P 只比 P_A 高出一个与偏置弹簧力等价的压力，采用这种压力补偿的动力源成为压力适应的供油系统，具有较好的节能效果，但不能对多个执行器进行同时供油。压力补偿可以从比例阀的 P 口到 A 口或 P 口到 B 口中获得，如图 4-45 所示为从 P 口到 A 口的情况。

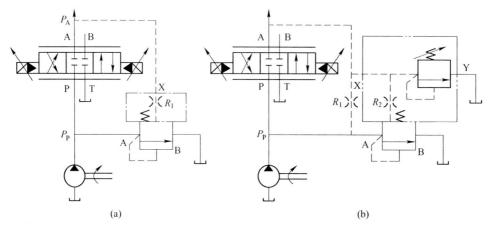

图 4-45 三通压力补偿器补偿回路
（a）不带安全阀；（b）带安全阀

如前所述，由于动力源使压力适应，所以不必设置溢流阀来维持压力，但应对系统提供最大压力保护，这只要在盖板组件中加上一个小型直动式溢流阀便可，如图 4-45（b）所示。图中液阻 R_1 用于向直动式溢流阀提供先导油流。如果负载压力超过直动式溢流阀的设定值，它便开启，因而限制了溢流组件顶部的压力。因主溢流元件的顶部还加有 0.5~0.8MPa 的弹簧力，所以主溢流元件的开启压力比直动式溢流阀的开启压力要高出 0.5~0.8MPa。

三通型压力补偿器中还可在上面的基础上再复合上卸荷功能，如图 4-46 所示。图示为卸荷状态，因这时主溢流元件的弹簧腔压力为零。卸荷压力只与偏置弹簧刚度有关。二位三通电磁阀通电时是工作状态，带最高限压保护。

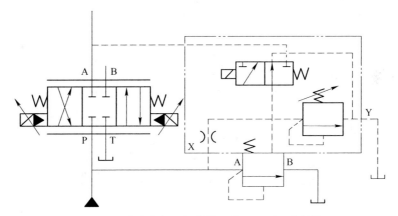

图 4-46　带安全阀和卸荷装置的三通型压力补偿

4.3.7.4　插装式元件的双向压力补偿回路

当需要对执行器两个方向的速度进行准确控制时，就要采用双向负载压力补偿。利用前两节介绍的基本回路，很容易构成具有双向补偿功能的应用回路。

图 4-47 所示为正向和反向都具有负载压力补偿能力的回路，采用的补偿元件是二通型的。使用该回路时应注意，若油缸的面积比大约为 2 : 1 时，必须注意三位四通比例滑阀应该有 2 : 1 的节流面积比（即 YX_1 型阀芯）。这种回路与单向补偿回路的差别仅在于多用了一个单向阀，这是为了反向时让主油流通过而设置的，其他元件的作用与前面所述相同。

图 4-48 所示为另一种正向和反向都具有压力补偿的回路，但它的正向运行为差动连接。正向运行，即左电磁铁 a 受到激励时，减压阀 2 参与回路构成的是进口节流压力补偿，P 口到 A 口的节流压力差由补偿阀 2 保持恒定。电磁铁 b 通电时返回行程，这时减压阀 1 参与回路构成的是出口节流压力补偿，A 口到 T 口的节流压力差由补偿阀 1 保持恒定为出口节流。回油口 Y 处的单向阀用于产生背压。

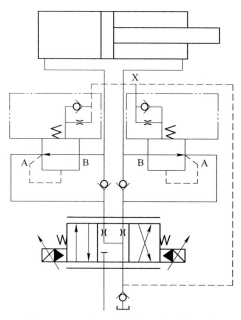

图 4-47   双向回油节流压力补偿回路

图 4-49 所示为单作用缸的正、反向负载压力补偿调速回路，该回路上升时

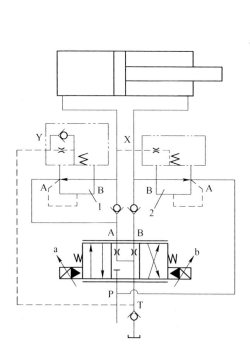

图 4-48   差动连接的双向压力补偿

1，2—减压阀

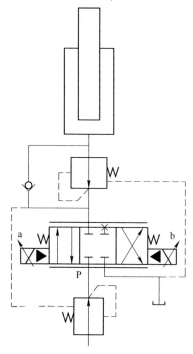

图 4-49   单作用缸双向压力补偿回路

是进口节流，下降时靠自重，是回油节流压力补偿。只要适当限制比例阀的最大开口，该回路就有一定的平衡自重和防止超速下降的能力。图4-49中压力补偿元件用普通的减压阀元件表示，如果改用插装式元件也是完全可行的，而且可通过更大的流量。

4.4　电液比例控制系统设计工程实例

4.4.1　步进式钢坯加热炉简介

建筑用的螺纹钢是Q235方形钢坯经轧钢机轧制成形，先将经过轧制的方形钢坯（长度为6cm）放入加热炉中进行加热，一个加热炉可以容纳多个方形钢坯，因为其底部面积非常大。将方形钢坯放入滚道，在电动机的带动下，方形钢坯可顺利进入加热炉，然后在油缸的作用下，加热炉底部的矫正设备可矫正方形钢坯的位置，然后通过升降油缸，加热炉的举升装置升起，接下来在其他平移油缸的作用下，推进装置向前移动300mm，之后在升降油缸的带动下，举升装置落下，方形钢坯落到加热炉的底部。接下来，在平移油缸的作用下，步进装置回到初始位置，从而完成整套动作，再开始下一个循环。

高炉煤气为加热炉提供动力，产生1100~1150℃的温度对方形钢坯进行加热，为钢坯轧制做好准备。经过加热的钢坯进入轧钢机成为螺纹钢，规格与要求规格相一致。

在整个过程中，将钢坯送入加热炉这一过程尤其需要注意，钢坯外形不能受到丝毫损坏，为此，加热炉的举升装置要用合适的力道接触钢坯，推进装置也要控制自己的推进力度，举升装置升降时要保持平缓，这些都是液压系统设计需要注意的事项。

4.4.2　步进式钢坯加热炉液压系统分析

4.4.2.1　举升机构的驱动系统

举升机构的驱动系统如图4-50所示。液压升降缸（1、2）推动的举升机构要使整个炉底升降，炉底面积较大，故采用两个油缸同时推动，需将两缸设计成同步油缸（此处靠机械式同步，即整个炉底是个机械框架，两缸均与框架直接连接）。

由于举升机构开始接触钢坯时接触力要适中，举升机构把钢坯落下时运动也要平缓，同时要注意落下时液压缸承受的是超越负载。因此，加热炉的两个油缸要缓慢升起、降落，中间过程的速度可以适当加快。为了控制两个油缸升起、降落阶段的速度，使用了比例流量控制阀9，保证钢坯完好。比例节流阀的两端增

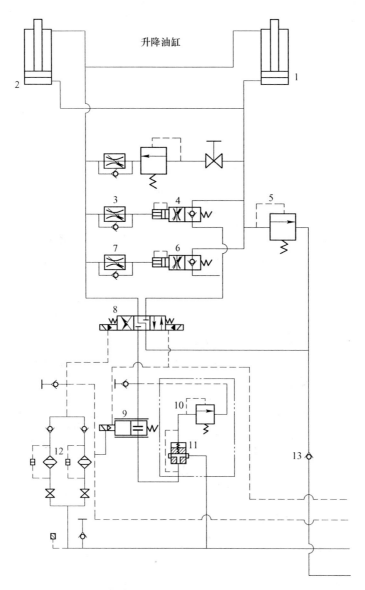

图 4-50　举升缸控制油路

1，2—升降油缸；3，7—单向节流阀；4，6—平衡阀；5—溢流阀；8—电液换向阀；
9—比例节流阀；10—溢流阀；11—插装式流量阀；12—滤油器；13—单向阀

设了定差减压阀。定差减压阀由两部分构成，一是先导式溢流阀，也就是部件
10；另一是插装式流量阀，也就是部件11。在定差减压阀的作用下，比例节流阀
9 进油口与出油口位置的压差基本保持不变，如此一来，只要控制好比例节流阀
9 的流量，油缸的运行速度就能得到有效控制。

比例节流阀 9 的后面增设电液换向阀 8，对油缸的伸缩进行控制。电液换向阀 8 使用外控外泄的方式进行先导控制。因为液压系统的运行深受周边环境的影响，考虑到加热炉的运行环境，要用过滤器对外控压力油进行过滤，过滤之后才能进入先导阀，以减少故障发声，让系统实现稳定运行。

升降油缸托起的炉底举升机构负载较重，且无论是油缸伸出还是缩回都得承受向油缸缩进方向的负载，即在油缸缩回时有超越负载。为此应配置平衡回路，利用液控平衡阀控制油缸有利于油缸缩进时超越负载有变化的场合。由于系统压力大，所以在平衡阀（4，6）的控制油路上设置单向节流阀（3，7）以减轻平衡阀（4，6）运行过程中的冲击。为增强可靠性采用两个液控平衡阀（4，6）并联的平衡回路。同时在无杆腔油路中设置安全阀以防压力过高而溢流。

4.4.2.2 推进机构的驱动系统

如图 4-51 所示，刚开始向前推动和起始后退时速度要平缓，因此，也采取

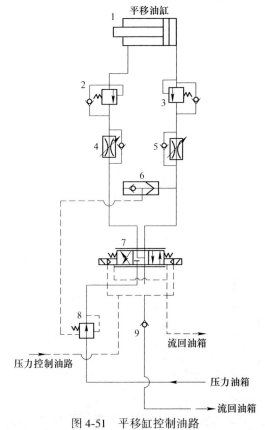

图 4-51 平移缸控制油路

1—平移油缸；2，3—单向顺序阀；4，5—单向节流阀；6—或门梭阀；
7—电液比例换向阀；8—定差减压阀；9—单向阀

比例控制。用比例流量方向控制阀 7
加进口压力补偿器，保证比例阀的
进、出口压力恒定，可有效地控制其
出口流量。这里要使进、出两个油路
均能控制，故配上一个或门梭阀 6 和
定差减压阀 8 共同组成进口压力补偿
器。在两个管路上设置单向顺序阀
（2，3），保证进口压力补偿器功能
正常，使传动装置平稳制动、安全可
靠。设置两个单向节流阀（4，5），
便于调试设备时有效调节油缸的进、
出速度。在设计电液比例阀的压力控
制油路时，进入先导控制阀的压力油
须先进行过滤，如图 4-53 所示，目
的是确保先导控制阀能够可靠、有效
地运动。

4.4.2.3　矫正机构的驱动系统

如图 4-52 所示，该机构上的油
缸负荷不是太大，油路压力不需太
高，刚进炉的钢坯不易被损坏，不必
进行比例控制，油路采用减压后进入
电液换向阀和单向节流阀即可完成规
定运行动作。

4.4.2.4　油源设计

如图 4-53 所示，油源来自 4 台

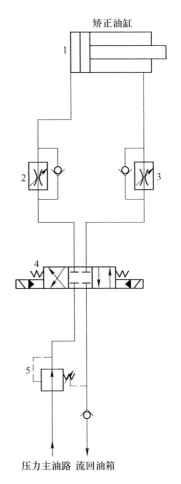

图 4-52　矫正油缸控制油路
1—油缸；2、3—单向节流阀；
4—电液换向阀；5—减压阀

变量柱塞泵，整个装置需油量非常大，其中，升降装置每运行 1min 就需要 670L
油，平移缸每运行 1min 需要 150L 油，在油泵的出口位置电磁溢流阀形成了单级
调压回路。因为整个装置需油量大，而且需要连续工作，非常容易产生热量，所
以油箱配备了一个单独的降温系统，将油温降到合适的温度。油箱的液压油使用
的是 VG46 号矿物油，没有使用水-乙二醇抗燃液压液的原因在于液压系统虽然可
为加热炉提供动能，但油缸所处环境温度不高，而且液压系统所处环境没有火
源。步进加热炉的液压系统如图 4-53 所示。

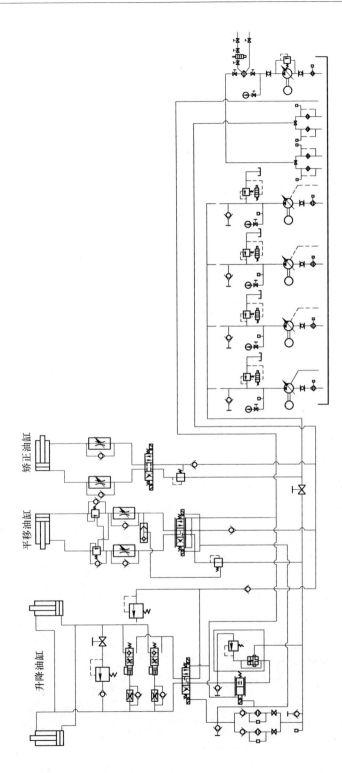

图 4-53 步进加热炉系统原理图

5 电液控制系统的相关技术

电液控制系统相关技术包含的内容十分广泛。在系统的设计、制造、试验及运行保障等不同阶段都涉及不同的相关技术。本章选取三个相关方面的内容进行介绍：液压油源装置是电液控制系统运行的动力来源，同普通开关式液压系统动力源相比，电液控制系统动力源有着自身特殊的要求；污染控制是液压控制系统运行过程中的一个非常关键的因素，是系统可靠运行的保障；振动和噪声控制则是对电液控制系统性能的更高要求，更深刻地反映了液压控制系统等现代机电装备的技术水平。

5.1 液压油源装置

5.1.1 液压控制系统对油源的要求

液压油源由电机、液压泵、油箱、滤油器、控制阀等组成，是液压传动与伺服控制系统中重要的组成部分，它能够有效供给系统执行元件所需的流量和压力，并能够对液压系统的压力、油温、污染度等进行有效的控制。除了这些还应满足以下要求。

5.1.1.1 保证油液的清洁度

要想让液压系统实现稳定运行，必须保证油液清洁。据调查，在诱发液压系统故障的众多因素中，油液不清洁占了六七成，电液控制系统占了八成。一般情况下，液压伺服系统要配备直径 $10\mu m$ 的过滤器，如果系统要求更高，配备的过滤器的直径要更小，比如直径 $5\mu m$、直径 $3\mu m$，甚至是直径 $1\mu m$。通常来讲，比例控制系统配备的过滤器直径最小为 $10\mu m$，以过滤掉不必要的渣滓，保证油液清洁。

5.1.1.2 防止空气混入

空气混入将造成系统工作不稳定，会降低油液的体积弹性模量，还会造成液压缸的爬行，从而影响系统的快速性能。工程上可采用加压油箱（$1.5\times10^{-5}Pa$）来避免空气混入。一般油中的空气含量不应超过 $2\%\sim3\%$。并且油液中空气含量不能超过规定值。

5.1.1.3　保持油温恒定

温度过高会降低液压元件寿命，使油液氧化变质速度加快，导致液压原件之间的润滑变差；同时，油温变化幅度过大会增加控制、检测元件的零漂，使系统的控制性能下降。所以，为了保证系统能正常运行，要尽量保持油温恒定，最低温不能低于 35℃，最高温不能高于 45℃。

5.1.1.4　保持油源压力稳定，减小油源压力波动

一般情况下，液压控制系统都为液压能源配备了蓄能器，其作用是对油源的压力脉动进行吸收，让系统能更快、更敏捷地做出响应，同时实现更加精准的控制。

5.1.2　液压油源的参数设计

液压油源的设计通常先要进行负载分析，在此基础上根据设计要求，如控制功率的大小、动态指标的高低、环境条件及价格等，决定采用开环还是闭环、泵控还是阀控、执行元件是液压马达还是液压缸，画出系统原理图，然后根据负载工况按最佳匹配设计液压动力元件，确定液压执行元件主要参数（如液压缸活塞面积或液压马达排量等）及液压放大元件主要参数（如阀的节流口面积及空载流量或泵的最大流量等）。

下面以一个材料试验机为例，介绍液压油源的设计过程。

最大静态力：$F = \pm100$kN。

最大动态力：20Hz 时，为 ±70kN；40Hz 时，为 ±40kN。

最大位移幅值：0.5Hz 时，为 ±3.0cm；12Hz 时，为 ±0.14cm。

工作频率范围：0.01~50Hz。

（1）负载分析输入：该系统负载为正弦负载。

（2）拟订方案输入：该系统执行元件为液压缸，闭环控制，采用阀控液压源。

（3）供油压力输入：系统的供油压力一般在 5.0~31.5MPa 范围内，不同的应用部门常按惯例选用不同的系统压力。

在同样的输出功率下，选择较高的供油压力可以减小泵、阀、液压缸和管道等部件的尺寸和质量，使装置结构紧凑，材料及功率消耗减小。选择较低的供油压力，可延长元件和系统的寿命、泄漏小、系统稳定性好、容易维护，长行程时还有利于提高液压缸的压杆稳定性。在本例设计中，取液压源压力 $p_s = -20$MPa。

（4）计算液压缸作用面积 A。按照效率最优匹配原则，若取负载压力 $p_L =$

$\frac{2}{3}p_s$ ，则

$$A = \frac{F}{p_L} = \frac{2 \times 100 \times 10^3}{3 \times 20 \times 10^6}m^2 = 7.5 \times 10^{-3}m^2 = 7.5cm^2 \qquad (5\text{-}1)$$

为使系统更为可靠，或者使液压源压力略低时仍能工作，应留一定裕量，并根据液压缸系列，选取 $A = 90cm^2$ 的双出杆缸，则实际 $p_L \approx 11MPa$。

（5）选择电液控制阀。不论控制系统采用哪种阀，都必须将负载特性包容在阀的负载特性曲线内。典型的电液控制阀有电液比例阀、电液伺服阀和电液数字阀。比例阀的选择在供油压力确定后进行，主要选择流量。比例阀的流量一般是指在阀压降为 1.0~1.2MPa 时的流量，有时也可用阀的通径值代表流量。选择伺服阀时，当负载处在一些特殊点，如最大功率点或最大速度和最大负载力（转矩）点时，一般按最大功率点进行计算，选样最大功率点与伺服阀的最高效率点重合，使 $p_L = \frac{2}{3}p_s$，则阀的压降 $p_V = \frac{1}{3}p_s$。根据系统供油压力 p_s 和负载流量 $q_{vL} = A_v$，即可选择伺服阀。必须注意伺服阀的负载流量在不同供油压力下是不同的，按标准规定，伺服阀的额定流量是指在 7MPa 阀压降时的流量，其他阀压降时的流量需要根据相关公式进行折算。

当负载为正弦惯性负载时，一般取 $p_L = \frac{2}{3}p_s = \frac{mX\omega^2}{\sqrt{2}A}$（ m 为负载质量， X 为最大振幅， ω 为角速度）处为负载曲线和伺服阀特性曲线的切点，如图 5-1 所示，负载曲线横轴最大值为 $\frac{mX\omega^2}{A} = \frac{2\sqrt{2}}{3}p_s$，纵轴最大值为 $X\omega A$。

系统所需的负载流量，根据试验机技术指标要求，需按两种频率时的位移计算：

当 $f = 12Hz$、$X_0 = 0.14cm$ 时，负载曲线中的流量为：

$$q_{vs1} = X\omega A = 90 \times 0.14 \times 2\pi \times 12cm^3/s = 950cm^3/s = 57.0L/min$$

当 $f = 0.5Hz$、$X_0 = 3cm$ 时，负载曲线中的流量为：

$$q_{vs1} = X\omega A = 90 \times 3 \times 2\pi \times 5cm^3/s = 848.2cm^3/s = 50.9L/min$$

取最大值 $q_{vs1} = 57.0L/min$，则负载曲线与伺服阀负载曲线 $p_L = \frac{2}{3}p_s$ 的相切点处。

$$q_{vL} = \frac{q_{vs1}}{\sqrt{2}} = 40.3L/min \qquad (5\text{-}2)$$

查有关伺服阀样本，选取某系列中额定流量（阀压降为 7MPa 时）为 50L/min 的喷嘴挡板二级流量伺服阀。其空载流量为 $q_{vLmax} = \sqrt{3}q_{vL} = 86.6L/min$。

（6）液压源的选择。一般情况下，选负载最大功率点为伺服阀的最高效率点，如图 5-1 中的 N 点，在确定了包容曲线即伺服阀特性曲线后，即可决定液压源的压力和流量。必须注意，伺服阀的供油流量并非系统的负载流量 q_{VL}，若按负载流量选择将不能满足需要，一般应按伺服阀的卒载流量选择，使 $q_{Vs} = q_{v0} = \sqrt{3} q_{VL}$，如图 5-1 中液压源特性 I 所示。

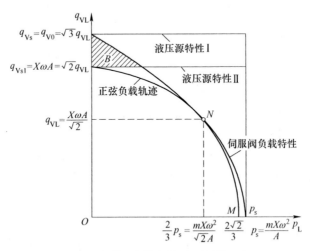

图 5-1　负载、伺服阀和液压源的匹配

流量很大时，为了节能，可以采用蓄能器补油，使液压源所需的功率减小。在正弦运动时采用蓄能器补油，最大可使供油流量下降到 $\dfrac{2}{\pi}$，即减小 36.3%。在随机运动时，当流量变化很大时，可选取运动过程的平均流量供油，超过部分由蓄能器补油，蓄能器的容量根据最大流量和平均流量之差及允许压差进行选择。

在正弦运动时，为更进一步节能，有时可取在负载特性曲线的最大值处为供油流量 q_{Vs1}，如图 5-1 中液压源特性 II 所示，因图中 B 处不在负载工作范围内，所以在运动过程中流量不需要用到 q_{Vs}。

实际上，由于系统中存在泄漏，此外，当液压源流量和所需流量相同时，受溢流阀性能的限制，系统的压力波动大，因此液压源一般都取得比计算值大一些，只有系统流量很大时才考虑上面的情况。

按照试验机中伺服阀及负载的情况，选取压力 20MPa，流量为 80L/min 或 100L/min 的液压源，从节省能耗考虑可选择 80L/min 流量的液压源，从降低系统压力波动考虑可选择 100L/min 流量的液压源。

5.2　液压介质使用管理与系统污染控制技术

随着液压技术的广泛应用，对液压设备的工作可靠性提出了更高的要求。特别是在航空、航天及深海作业等高风险和作业难度大的领域，设备的可靠性更是被放到优先考虑的位置。相关研究与实践均证明：液压介质污染会给液压设备使用时间长短、设备能否可靠运行造成直接影响。液压设备的运作精度越高、速度越快，液压介质污染为其带来的危害就越严重。所以，近年来，无论是国内的工程师还是国外的工程师都非常关注液压介质污染问题，对其控制措施做出了积极探索。

5.2.1　油液被污染的危害

5.2.1.1　固体颗粒污染物的危害

据相关科学统计，总污染故障的 60% ~ 70% 都来源于固体颗粒物污染，固体污染颗粒对液压元件和系统主要有以下三个方面的危害。

（1）元件的污染磨损。如果元件摩擦副间隙内进入了固体颗粒，将会对元件表面产生磨料磨损及疲劳磨损。固体颗粒物进入快速流动的油液中会产生冲蚀作用，导致元件表面产生磨损，加大密封部位的空隙，甚至还会直接给表面材料造成严重破坏。

（2）导致元件卡紧或堵塞。如果元件摩擦副间隙位置进入固体颗粒，该部位很有可能被卡死，导致元件无法正常运转。如果固体颗粒进入液压缸内，很有可能给活塞杆造成严重损害。除此之外，如果元件节流口或者阻尼小孔进入固体颗粒，这个部位很有可能彻底堵塞，如先导型溢流阀的阻尼小孔、液压泵滑靴斜盘摩擦副静压支承中的固定阻尼孔等，从而使元件不能正常工作。

（3）加速油液的性能劣化及变质。油液氧化有三个必需条件，一是水，二是空气，三是热能。存在于油液中的微小的金属颗粒可以加快油液氧化。相关试验证明，水+金属颗粒可使油液氧化速度成倍速增加，如果这些金属颗粒是铁，油液氧化速度就可提升 10 倍；如果这些金属颗粒是铜，油液氧化速度可提升 30 倍。

5.2.1.2　空气污染物的危害

液压及润滑系统中常含有定量的空气，它来源于周围的大气环境。油液中的空气有两种存在形式：溶解在油液中和以微小气泡状态悬浮在油液中。

各种油液均具有不同程度的吸气能力。在一定压力和温度条件下，各种油液可以溶解一定量的空气。温度越高，压力越小，空气在油液中的溶解度越低；反之，温度越低，压力越大，空气在油液中的溶解度就越高。如果温度升高或者压力变小，一部分在油液中溶解的空气就会形成气泡，出现在油液表面。

溶解气体并不改变油液的性质，但油液中的悬浮气泡可对液压系统产生如下危害作用。

（1）空气中的氧加速油液的氧化变质，使油液的润滑性能下降，酸值和沉淀物增加。

（2）导致气蚀，加剧元件表面材料的剥蚀与损坏，并且引起强烈振动和噪声。

（3）降低油液的容积弹性模量，使系统的刚度变小、响应特性变差。若油液中混有1%的空气泡，则油液的弹性模量将降低到只有纯净油液的35.6%。

（4）油液中的气泡破坏摩擦副之间的油膜，加剧元件的磨损。

（5）由于气泡的存在，使油液的可压缩性增大，不仅使得压缩油液过程中要消耗的能量增多，而且会使油温升高。

5.2.1.3　水污染物的危害

液压和润滑系统中的水来自周围的潮湿空气环境。例如，潮气通过油箱呼吸孔吸入从而冷凝成水珠滴入油箱中，或者通过液压缸活塞杆密封等部位侵入系统。

油和水相亲，凡是矿物油都有一定的吸水性。基础油的性质和所加的添加剂决定油液的吸水能力，以及相关温度等因素。油液吸水量的最大限度称为饱和度。油液暴露在潮湿大气中，其吸水量经过数周即可达到饱和。矿物油型液压油的吸水饱和度一般为0.02%~0.03%；润滑油的吸水饱和度为0.05%~0.06%。在一定的大气湿度条件下，油液的温度越高，其吸水量越大。

如果油液的含水量比油液吸水饱和度低，水就会在油液中溶解，从表面上难以分辨；如果油液的含水量比油液吸水饱和度高，水就会凝结成小水珠，在油液表面悬浮，或者在油液底部自由沉积。决定水珠存在形态的是油液的密度。液压系统在运行过程中会产生剧烈的搅动，在这个过程中，沉积在油液底部的自由状态的水就会乳化，导致油液的润滑性下降。

油液的黏度越高，表面张力越小，形成的乳化液越稳定。此外，油液中的氧化物和固体颗粒，以及某些添加剂有促进乳化液稳定的作用。为了防止油渣的乳化，应在油液中加入适量的破乳化剂，使油液中的水分离出来以便去除。

水对液压和润滑系统的危害作用主要表现在以下几个方面。

（1）添加剂中或多或少地存在一些金属硫化物或者氯化物，水、油液和这些物质发生化学作用会产生一些酸性物质，腐蚀元件。做一个小小的实验：A组油液中只含有水，B组油液中除水之外还有固体颗粒，结果B组油液对元件的损坏程度比A组油液高很多。其原因在于，在固体颗粒的作用下，元件表面的氧化物保护膜受到了严重损坏，导致元件表面裸露，直接遭受水的侵蚀。

（2）水和添加物中的某些元素发生作用产生污染物，比如沉淀物、胶质等，导致油液变质。

（3）水会导致油液乳化，使油液的润滑度下降。

（4）如果所处环境的温度较低，油液中的水珠就会形成冰粒，导致元件间的间隙被堵塞，元件受损，系统无法正常运行。

5.2.2　污染控制措施

5.2.2.1　污染控制平衡图

下面通过两台天平来描述污染控制平衡图，如图 5-2 所示，天平的砝码就是与污染控制各个因素有关的参数。平衡图中右边的天平概括了液压元件污染磨损理论和污染耐受度的基本内容，反映了元件抗磨性、油液抗磨性、污染物磨损性，以及工作条件（如工作压力、温度和转速等）等因素对元件污染耐受度和污染寿命的影响；左边的天平反映系统的过滤特性，即系统油液污染度与过滤器精度、流量和污染物侵入率之间的关系。

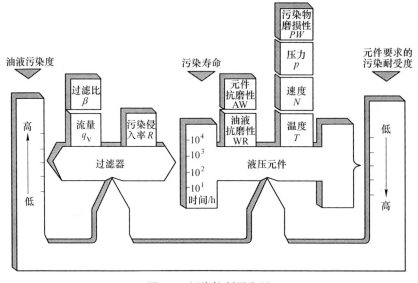

图 5-2　污染控制平衡图

从污染控制平衡图可以看出，可以从两个方面提高元件工作寿命和可靠性：一是降低油液的污染度；二是提高元件的耐污染能力。

元件对污染物的敏感性和工作条件决定元件的耐污染能力。为提高元件耐污染能力，可采取以下措施：合理选择对偶摩擦副材料和表面处理工艺，提高摩擦表面的抗磨性和耐蚀性，保证合理的运动副间隙和润滑状况。

从使用及管理的角度出发，元件寿命高并可靠的、经济而有效的途径，就是加强油液污染控制措施，降低油液污染度。

5.2.2.2 污染源及控制措施

液压系统油液中的污染源可分为内部生成、工作过程外界侵入、系统内部残留三类。要从根本上控制污染就要采取所有措施，包括从设备设计到制造，以及使用和管理方面对可能的污染源采取管控措施。

5.2.2.3 油液的净化方法

净化油液的方法有很多，根据污染物的不同有过滤、离心以及静电等。当前液压与润滑系统中经常使用的方法是过滤法。

过滤是最常见的一种方法，它一般是通过可透性液体去除油液中的污染物颗粒。过滤介质（这里指可透性液体）分为阻截与吸附两种。根据其结构与工作原理过滤介质可以分为表面型与深度型。前者通过介质的蜂窝状组织阻止经过液体的颗粒部分，如金属网式和片式过滤器；后者一般为多孔材料，如滤纸和非织品纤维等。过滤器主要评价指标有过滤精度和纳污程度以及压差性质。

过滤器对不同尺寸颗粒污染物的滤除能力就是过滤精度。系统的污染控制水平由过滤器的精度直接决定。过滤精度越高，系统油液的清洁度越高，相应的污染度越低。过滤介质的类型见表 5-1。

表 5-1 过滤介质的类型

类 型	实 例	可滤除的最小颗粒/μm
金属元件	片式、线隙式	5
金属编织网	金属网式	5
多孔刚体介质	陶瓷	1
微孔材料	金属粉末烧结式	3
	泡沫塑料	3
	微孔滤膜	0.005
纤维织品	天然和合成纤维织品	10
非织品纤维	毛毡，棉丝	10
	滤纸	5
	合成纤维	5
	玻璃纤维	1
	不锈钢纤维	1
	石棉纤维、纤维素	亚微米
松散固体	硅藻土、膨胀珍珠岩、非活性炭	亚微米

制造厂需要在过滤器的技术规格中标明其过滤精度，以反映其过滤效能。自

从使用过滤器以来，人们曾采用过多种评定过滤器精度的方法，下面介绍常用的几种。

（1）名义过滤精度。由于工作条件不同名义过滤精度不能准确反应过滤器的实际过滤能力。如名义精度是 $10\mu m$ 的过滤器表示能够去除绝大部分超过 $10\mu m$ 的实验粉尘。

（2）绝对过滤精度。绝对过滤精度是以可以通过过滤器的最大球形体积的直径来表示。它可以准确表达过滤器去除最小球状物的大小。这种判定方式具有实际意义。但需要强调的是污染物的形状是多种多样的，有的是细长的，不可能全部是规则的球状。所以要注意区分不同情况下的过滤能力。

（3）过滤效率。过滤效率是可以通过过滤器的污染物量和进入过滤器的总量的比值。它也是评价过滤器性能的重要指标。

（4）过滤比 β。过滤比 β 是同一尺寸的污染物颗粒在过滤器上下游油液单位体积中的数量的比值。过滤比 β 值随颗粒尺寸的增大而增加。因此，当用过滤比表示过滤精度时，必须注明其对应的颗粒尺寸。为了便于比较，ISO 4572—1981《液压传动—过滤器—测定过滤特性的多次通过法》规定用 β_{10} 作为评定过滤器过滤精度的性能参数。

颗粒计数是过滤比评定法的基础。颗粒计数器在不断发展，其精确性有了很大提高，过滤器对于不同尺寸颗粒污染物的滤除能力能通过过滤比较确切地反映出来。

5.3　液压系统振动和噪声控制技术

5.3.1　振动和噪声的基本概念

振动与噪声是液压系统工作中经常发生的两种现象。除了某些利用振动原理工作的液压设备（如液压镐、液压冲击钻等液压机具及电液激振台等）外，多数情况下振动是有害的。它会影响上机和液压系统的工作性能和使用寿命，并引起液压元件、辅件或管道的损坏等。噪声的影响和危害是多方面的，不但影响人们的正常工作和休息，还危害人体健康。噪声污染已成为当今世界性的问题，与空气污染和水污染一起构成了当代环境的三大污染源。

现代液压系统的高压、高速及大功率化，使振动与噪声随之加剧。因此降低振动和噪声已成为目前液压技术的重大研究课题。

5.3.1.1　振动

在振动问题中，整个液压装置或某个液压元件可等效成具有一定质量、弹性和阻尼的振动系统，通常为单自由度简谐激振力作用的强迫振动系统，如图 5-3

所示。

振动系统的运动微分方程为：

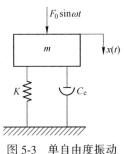

图 5-3 单自由度振动
系统模型

$$\ddot{x} + 2\xi\omega_0\dot{x} + \omega_0^2 x = f_0\sin\omega t \qquad (5\text{-}3)$$

式中，x、$\dot{x}$、$\ddot{x}$ 为系统位移、速度、加速度；ω_0 为无阻尼固有频率；ξ 为阻尼比，$\xi = C_e/(2\sqrt{Km})$；f_0 为单位质量所受的力幅值，$f_0 = \dfrac{F_0}{m}$；F_0 为激振力的振幅；C_e 为阻尼系数；K 为弹簧刚度；m 为系统质量。

方程（5-3）的解为一通解 x_1 加一特解 x_2，即 $x = x_1 + x_2$

其中，通解：

$$x_1 = A_e^{-\xi\omega_0 t}\sin(\omega_0 t\sqrt{1-\xi^2} + \theta) \qquad (5\text{-}4)$$

表示有阻尼的自由振动（衰减振动），它仅在开始的一段时间内才有意义，故又称瞬态解，一般情况下可不予考虑。特解 x_2 表示在简谐力激振下的强迫振动，因其等幅而不衰减，故又称稳态振动。

大多数振动与噪声问题只研究稳态振动。稳态振动的计算式为：

$$x = x_2 = B\sin(\omega t - \varphi) \qquad (5\text{-}5)$$

式中，B 为强迫振动的振幅，$B = f_0/\sqrt{(\omega_0^2 - \omega^2)^2 + 4\xi^2\omega_0^2\omega^2}$；$\omega$ 为强迫振动的角频率；φ 为位移与激振力的相位差，$\tan\varphi = 2\xi\omega_0/(\omega_0^2 - \omega^2)$。

由上可知，产生振动的根本原因是系统存在激振力，振动的大小取决于激振力的大小和系统固有参数。所以防振、减振和消振的主要途径是消除或减小激振源（力），合理确定和匹配系统参数。

5.3.1.2 噪声

振动是弹性物体的固有特性，它是一种周期性的运动。机械振动可以通过固体、液体或气体等弹性媒质传播。机械波可以在很宽的频率范围发生。不是所有的振动都会产生声音，只有在一定频率范围即声频范围内的振动，才能被人的听觉感受。所谓声频范围，是指正常人的听觉所能感受到的振动频率范围。实验测出，频率低于 16Hz 或 20Hz 的振动，就不能被大多数人听到，通常称为次声波；频率高于 20kHz 的振动也不能被大多数人听到，称为超声波。因此，一般声频范围是指 20（或 16）~20000Hz。

A 波长

声波是机械振动在弹性媒介中的传播。在传播途径上，两相邻同相位质点之间的距离称为波长，也即振动经过一个周期声波传播的距离，记作 λ，单位是米（m）。

B 频率

1s 内媒质质点振动的次数称为声波的频率，记作 f，单位是赫兹（Hz）。在声频范围内，声波的频率越高显得越尖锐；反之显得越低沉。通常将频率低于 300Hz 的声音称为低频声，300~1000Hz 的声音称为中频声，1000Hz 以上的声音称为高频声。

C 声速

声波在弹性媒质中的传播速度称为声速，记作 c，单位是米/秒（m/s）。值得注意的是，声速不是质点的振动速度，而是振动状态传播的速度。频率 f、波长 λ 和声速 c 之间的关系是 $c = \lambda f$。声速由媒质的弹性、密度及温度等因素决定，与振动的特性无关。声波在空气中的传播速度可由式（5-6）表示：

$$c = 331.45 + 0.61t \tag{5-6}$$

式中，t 为摄氏温度，℃。

D 声压与声压级

在声波的传播过程中，媒质中各处存在着稠密和稀疏的交替变化，因而各处压强也相应变化。设没有声波作用时，媒质中的压强为 p_0，称为静压强。当有声波传播时，媒质中某处的压强为 p_1。压强的改变量 $p_1 - p_0$ 称为声压，则声压 p 为：

$$p = \Delta p = p_1 - p_0 \tag{5-7}$$

声压的单位是牛顿/米^2（N/m^2）或帕（Pa）。媒质中任一点的声压都是随时间变化的，每一时刻的声压称为瞬时声压，某段时间内瞬时声压的均方根值称为有效声压，即：

$$p_e = \sqrt{\frac{1}{T} \int_0^T P^2(t)\,\mathrm{d}t} \tag{5-8}$$

对于简谐声波，有效声压等于瞬时声压的最大值除以 $\sqrt{2}$，即：

$$p_c = \frac{p_{max}}{\sqrt{2}} \tag{5-9}$$

通常所指的声压如未加说明，就指有效声压。

人耳可听到的声压变化范围很大，正常人耳能听到的声音的声压为 2×10^{-5} Pa；当声压达到 20Pa 时，人耳产生疼痛感。为了方便起见，习惯上以声压级 L_P 来代替声压，其定义为

$$L_P = 10\lg\left(\frac{p}{p_0}\right)^2 = 20\lg\left(\frac{p}{p_0}\right) \tag{5-10}$$

式中，L_P 为声压级，是无量纲的相对量，其单位为分贝，记作 dB；p_0 为基准声压，其值为 2×10^{-5}Pa；p 为实际声压，Pa。

为了对声压级有个大致的概念，现将几种常听到的声音的声压级列于表5-2中。

表5-2 几种声音的声压级

声 音	声压 p/Pa	声压级 L_p/dB
正常谈话	2×10^{-2}	60
一般金属加工车间	$6.3 \times 10^{-2} \sim 2 \times 10^{-1}$	70~80
消声不佳的摩托车	$6.3 \times 10^{-1} \sim 2$	90~100
锯木车间	$6.3 \sim 2 \times 10$	110~120
汽车喇叭	2×10	120

E 声功率和声功率级

声源在单位时间内辐射出的总声能称为声功率。和声压一样，人们听觉所能承受的声功率的范围很大，常用声功率级来表示，即：

$$L_N = 10 \lg \frac{N}{N_0} \tag{5-11}$$

式中，L_N 为声功率级，是无量纲的相对量，分贝，记作 dB；N 为声功率，W；N_0 为基准声功率，其值为 10^{-12}W。

表5-3给出了部分常见声源的声功率和声功率级。

表5-3 常见声源的声功率和声功率级

声 源	声功率 N/W	声功率级 L_N/dB
喷气式飞机	10^4	160
大型鼓风机	10^2	140
气锤	1	120
汽车 （72km/h）	0.1	110
钢琴	2×10^{-2}	103
轻声耳语	10^{-9}	30

F 声强与声强级

声强是指单位面积上的声波功率，其单位为 W/m²。声强 I 与声压 p 之间的关系如下：

$$I = \frac{p^2}{\rho c} \tag{5-12}$$

式中，ρ 为介质密度，kg/m³；c 为声速，m/s；ρc 为声阻抗率，Pa·s/m。

由式 (5-12) 可见，声强与声压的平方成正比。同时与媒质的声阻抗率有关。例如在空气和水中有两列相同频率、相同声压的平面声波，这时水中的声强要比空气中的声强大 3600 倍左右，即在声阻上抗率较大的媒质中，声源只需用较小振动速度就可以发射出较大的声能量，从声辐射的角度看这是很有利的，从噪声控制角度看是不利的。

人耳对声强的感受范围很宽，听阈声强的值为 $10^{-12}\,\mathrm{W/m^2}$，痛阈声强的值为 $1\mathrm{W/m^2}$。声强级 $L_1(\mathrm{dB})$ 的定义为

$$L_1 = 10\lg\frac{I}{I_0} = 20\lg\frac{p}{p_0} \tag{5-13}$$

式中，I 为实际声强，$\mathrm{W/m^2}$；I_0 为基准声强 10^{-12}，$\mathrm{W/m^2}$。

G　频谱

声音的频率不同，给人耳的感觉是音调高低不同。声振动的频率决定了发声音调的高低。

单一频率的声音（纯音）听起来非常单调，如音叉敲击后发出的声音，就是单一频率的纯音。一种噪声包含了多种频率，按照幅值或相位对一个信号中的频率成分进行函数运算得出的分布网就是频谱图。

如果信号中的频率成分比较分散，最终得出的频谱就叫作离散谱或者线谱，会以系列竖直线段在频谱图上呈现出来，如图 5-4（a）所示。如果信号中的频率成分是连续的，最终得出的频谱就叫作连续谱，在频谱图上呈现出来的是一条连续的曲线，如图 5-4（b）所示。一般来讲，噪声基本上都属于连续谱，当然也有复合谱，如图 5-4（c）所示。复合谱指的是一段信号中既有连续频率成分，又有离散频率成分。

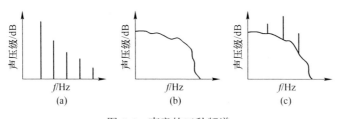

图 5-4　声音的三种频谱

H　频程

如果分析对象是连续频率信号，不可能计算每一个频率的幅值。在某些情况下，可对某一范围内的频率进行划分，将其细分为多个小频率段，选取每个小频率段上的中心频率，计算信号在中心频率上的幅值，将这个幅值作为频谱。采用这种方式划分的频率段有一个专业名称——频程。通过实验对两个不同频率的声音进行对比，发现二者的比值起着决定作用，二者的差值起的作用相对较小。所以，频程划分不需要对整个频率范围进行均等划分，只需保证每个频率段上下限

频率的比值固定即可。假设上限频率为 f_1，下限频率为 f_2，这个比值就是：

$$\frac{f_2}{f_1} = 2^n \tag{5-14}$$

式中，n 为正实数。当 $n=1$ 时，称为倍频程；当 $n=2$ 时，称为 2 倍频程；当 $n=1/3$ 时，称为 1/3 倍频程。倍频程和 1/3 倍频程较常用。

各倍频程的中心频率 f_c 是指上下限的几何平均值。即

$$f_c = \sqrt{f_1 f_2} \tag{5-15}$$

ISO 推荐的可闻声范围内各频带的中心频率及频率范围分别见表 5-4 和表 5-5。

表 5-4 倍频程中心频率及频率范围 （Hz）

中心频率	31.5	63	125	250	500
频率范围	22.4~45	45~90	90~180	180~355	355~710
中心频率	1000	2000	4000	8000	16000
频率范围	710~1400	1400~2800	2800~5600	5600~11200	11200~22400

表 5-5 1/3 倍频程中心频率及频率范围 （Hz）

中心频率	频率范围	中心频率	频率范围
25	22.4~28	800	710~900
31.5	28~35.5	1000	900~1120
40	35.5~45	1250	1120~1400
50	45~56	1600	1400~1800
63	56~71	2000	1800~2240
80	71~90	2500	2240~2800
100	90~112	3150	2800~3550
125	112~140	4000	3550~4500
160	140~180	5000	4500~5600
200	180~224	6000	5600~7100
250	224~280	8000	7100~9000
310	280~355	10000	9000~11200
400	355~450	12500	11200~14000
500	450~560	16000	14000~18000
600	560~710	—	—

从表中可以看出，10 个倍频程覆盖了整个可闻声的频率范围；而 1/3 倍频程的中心频率，在可闻声的频率范围内；对 10 个相连的频带，最高的中心频率是最低中心频率的 10 倍。

5.3.2　液压系统振动和噪声的来源

液压系统的噪声主要包括流体噪声和机械噪声。

5.3.2.1　流体噪声

流体噪声是液压元件和系统中非常普遍的现象，属于流体噪声类型的噪声有很多，一般来说，气蚀、压力冲击引发的噪声都属于这个范围。

A　气蚀噪声

出现温度升高、局部压力降低的情况时，会引发其他现象，即液压系统工作介质将会萌生空气泡、蒸气泡。对于以矿物型液压油为介质的情况，由于其中的空气溶解量大，产生的多是空气泡；对于以水作介质的情况，由于其中的空气溶解量较矿物油小，而汽化压力远高于矿物油，因此产生的多是蒸气泡。无论是哪种气泡，当进入高压区时，气泡体积会迅速缩小直至破灭。这种气泡生成、长大和破灭的现象，称为气穴。

气穴破灭过程中对零件表面造成的破坏作用称为气蚀。目前比较一致的看法认为气蚀的破坏作用是由于气泡溃灭的机械作用造成的。在分析气泡的溃灭过程时，有两种解释：一是冲击压力波模式，即认为气泡溃灭过程中辐射出的冲击压力是造成这种现象的原因。具体来说，冲击压力波模式所持观点认为如果孤立的溃灭气泡出现在固体边界附近的话，其就会进行传播，即从中心散到边界，这样的话球面凹形蚀坑就会在边界部位形成。二是微射流原因。其认为微射流造成了溃灭的产生。当微型射流的流速相当快时，就可以抢在溃灭停止之前穿透气泡。不管是哪一种解释，气蚀在液压元件中发生后均会产生如下影响。

（1）增加元件工作时的噪声及振动。气蚀发生的过程是气泡不断产生和溃灭的过程。气泡的溃灭会产生很大的噪声，同时由于气泡溃灭而产生的压力冲击也会造成很大的噪声。这种噪声有时会是啸叫或尖叫，达到令人不能忍受的程度，并引起系统的强烈振动。

（2）造成零部件的卡死，导致元件失效。据统计，泵的失效有10%是由气蚀造成的。气蚀不单会直接损坏液压元件零部件的表面，而且会导致碎片产生，进入液压元件的配合间隙中，很容易造成运动部件如液压泵中的柱塞，液压阀中的阀芯等卡死，从而使液压元件失效。

（3）影响零件的耐磨程度，降低元件的工作寿命。在液压元件中，气泡崩溃后产生的压力波对零件表面存在很强的冲击作用，压力冲击会使零件表面形成大大小小的凹坑，凹坑的形成不仅会破坏摩擦副间润滑膜的形成，还会破坏零件表面的光洁度，从而加快与之配对的零件的磨损，降低元件的使用寿命。另外，气蚀产生的局部高温还可能使配对材料产生黏结现象，加速元件的失效。

气蚀噪声的频谱一般为连续谱，集中于超过 1000Hz 的频率，人耳直接听起来与尖叫声十分类似。噪声在液压元件出现气蚀时将会比没发生时升高大约 10dB。避免气穴的出现是避免出现气蚀噪声的主要方式。基于这种现状，从以矿物油作为工作介质的液压系统方面来说，要想避免出现气蚀噪声，可以在更加合理设计的情况下将压力控制在高于空气分离压的范围。与空气分离压相比的话，矿物油的饱和蒸气压更低，通过这样的方式，就能有效避免液体液化以及空气混入导致的气穴的产生。

B 压力冲击声

在液压系统中，外负载的阶跃变化将引起压力冲击，此外，压力冲击也有可能是由于阀门的快速启闭导致的。液压冲击波会引发很多问题，除了会在冲击处引发压力冲击外，还会造成噪声以及振动。产生的噪声和振动并不会停留在冲击处，而是会成为噪声源在整个管道系统中传播，影响范围十分广泛，所以对其应加以重视。

C 压力脉动声

液压泵的瞬时流量在一般情况下均呈现脉动状态，但是也会出现例外现象，这种情况出现在液阻存在的时候，这时流量的脉动造成压力脉动，此外，两者的基频没有什么差别。若是压力波不产生作用，流动脉动下的压力脉动的幅值相对较小；反之，则变化明显，其将形成驻波，由此进一步引发波腹处振幅上升，管路谐振随之出现，噪声也就愈加明显。

D 旋涡脱离声

液流绕过一个非流线型的圆柱体时，若雷诺数较大，附面层不能包围住圆柱体的背面，附近层会在圆柱体最宽截面附近的两侧脱开，然后在这个基础上形成剪切层，这样的剪切层有两个，它们于流动中向尾部延伸，最终形成尾流边界。自由剪切层的内外移动速度是不一样的，与和自由流相接触的最外层相比，最内层移动速度相对较慢，由于这个原因导致其常卷成不连续的打旋的旋涡，旋涡流型由此形成。振动效应出现的根本原因就是由于旋涡流动和圆柱体的相互作用。在圆柱体身上，周期性的脉动力随着旋涡交替脱落出现。周期性的脉动力将引发具有一定弹性的圆柱体发生一些变化，这种变化一般是出现振动和声音。这种声音具有明显特性。脱离的频率与圆柱体的固有频率差异不大的情况下，往往产生"呜——呜——"的声音，这就是气流流过电线，产生旋涡脱离现象而激发成声音的缘故。

在液压元件及系统中，液流流经各种阀口或过流断面发生变化的地方，都可能产生旋涡。旋涡的产生将会引发多种后果，其将导致元件受力不平衡而产生振动，除此之外，还会引发气穴并且有可能进一步产生噪声。

5.3.2.2　机械噪声

由于机械部分的运动或相互间的作用产生振动而激发的噪声，称为机械噪声。例如，质量不平衡的部件在高速旋转时会产生振动而激发噪声，两个互相接触的部件由于碰撞或摩擦而发声等，均是机械噪声，以下是其产生原因。

A　轴承噪声

目前轴承被大范围地用在液压泵与马达中。作为组件的轴承振动引发的噪声会引发其他元件的响应，即会影响液压元件的噪声。从所造成的噪声大小方面来说，滚动轴承高于滑动轴承。

一个完整的滚动轴承一般由滚动体、内外圈滚道、保持架等组成。在制造零件时，误差是不可避免的，而这些误差可能会导致装配时出现配合间隙。这种情况将会引发滚动体和保持架以及内圈、外圈由于间隙而出现摩擦，噪声也就由此产生了。轴承噪声的大小由多种因素决定，主要有受力、润滑等。

对同一个滚动轴承来说，滚动体、内外圈和保持架对噪声的影响按比例为4：3：1。同一类型的轴承，其内径越大，引起的振动和噪声也越大，直径增加5mm，振动级增加约1~2dB。滚动体直径越大，振动与噪声也越大。对不同类型的轴承，球轴承比圆锥滚子轴承噪声低，因为球形滚子对内外圈的几何精度及装配质量的要求低一些，而圆锥滚子要求则高一些。

制造厂家可以通过提高各零件的几何精度和尺寸精度的方式来降低轴承的噪声，除此之外，还可以提高整体装配精度。从具体操作来说，降低噪声可以采取在液压元件中配用低噪声轴承的方式，另外，轴承的受力条件也需要考虑。

B　机械撞击声

机械噪声的产生原因有很多种，如液压控制阀可动零件的机械接触等。这些噪声形成的振动是不同的，有瞬时性振动，也有持续性振动。前者如换向阀换向时发出的冲击声，后者如溢流阀阀芯造成的高频振动。

除了上述的原因，机械振动与噪声的产生还有可能是因为齿轮咬合精度低、管道不够粗、不够直且处于未固定状态，等等。

C　回转体不平衡

液压传动装置中，液压泵等回转体若是处于不平衡状态也会引发振动，当其到达其他部件的时候，噪声就会随之产生。这种装置引发的噪声也是可以避免或者降低的，例如通过对其中的转子开展动静平衡实验可防止出现回转体不平衡的现象。

D　联轴器的不同轴

作为连接电动机与液压泵的部件——联轴器会产生旋风噪声与机械噪声两种

噪声。前者产生的原因是联轴器转动引发空气转动产生风声，后者是由联轴器出现偏斜引发的。这种偏斜现象的出现多是由于电动机轴线与液压中轴线不同轴，而不同轴则是由加工不当或者安装时没注意引发的。

除了上述原因，避免联轴器松动也是需要注意的事项。

5.3.3 振动和噪声的测量

噪声的物理量度用声压与声压级、声强与声强级、声功率与声功率级及噪声频谱表示。声压、声强和声功率分别从压力和能源的角度来衡量声音的强弱。"级"是为了表示方便而引入的一种对数计值方法。通常人们听觉范围在 $2 \times 10^{-5} \sim 20$Pa 的声压之间，对应于声压级 $0 \sim 130$dB。声压级可以直接测量，而声强与声功率不能直接测量，须根据测得的声压级来换算。噪声频谱反映了噪声的频率组成和相应的能级大小。在噪声测试中通用的噪声谱采用倍频程与 1/3 倍频程谱。

5.3.3.1 噪声测量仪器

噪声测量主要采用声压级测量和声功率测量，测量主要工具有声级频率分析以及传声器等。

A 声级计

声级计，又称为噪声计。它既可以对声音进行检测，还可以与相应的仪器进行配套的检测和振动频率，是一种在日常生活中较为常见的仪器。

声级计是由传声器、放大器、衰减器、频率计权网衍及读数组成，其工作原理主要是利用传声器将声音转换成电压信号，再通过计算将功率放大，通过网络在数据仪表上显现数字。

声级计的输入是噪声的客观物理量声压。人耳对声音的感受"响"或"不响"是基于对声压和频率的综合反应，一般都是用主观量——响度级来描述。响度级是一个由实验确定的相对量，它是以 1000Hz 的纯音作为基准，当噪声听起来与该纯音一样响时，这种声压级别被称为声压计，它的计量单位为方。

例如，一个噪声与声压级是 85dB 的 1000Hz 纯音一样响，则该噪声的响度级就是 85 方。声强相同的声音，在 1000~4000Hz 之间人耳听起来最响，随着频率的降低和升高响度越来越弱。频率低于 20Hz 或高于 20kHz 的声音人耳一般听不见。因此人耳实际上是一个滤波器，对不同频率的响应不一样。模拟人耳对各种频率声音敏感程度不同的特点，声级计对不同频率采用不同的放大率，这就是计权问题。一般声级计常用的有 A、B、C 三种频率计权网络，它所接收的声音按不同的程度滤波。A 计权网络模拟人耳对 40 方纯音的等响曲线，称为 A 声级，记作 dB(A)。B 计权网络模拟人耳对 70 方纯音的等响曲线，称为 B 声级，记作 dB(B)。C 计权网络模拟人耳对 100 方纯音的等响曲线，称为 C 声级，记作 dB(C)。

由于 A 计权网络使测量仪器对高频敏感，对低频不敏感，这正与人耳对噪声的感觉一样。因此，用 A 计权网络测得的噪声值较为接近人耳对声音的感觉。在实际应用中往往用 A 计权网络测得的 A 声级来表示噪声的大小。C 计权网络一般用来测量声压级。B 计权网络一般应用较少。

声级计按精度和稳定性划分为 0、Ⅰ、Ⅱ、Ⅲ四种类型。0 型声级计用作实验室参考标准；Ⅰ型除供实验室使用外，还供在符合规定的声学环境或严加控制的场合使用；Ⅱ型声级计适合于一般室外使用；Ⅲ型声级计主要用于室外噪声调查。按习惯 0 型和Ⅰ型声级计为精密声级计，Ⅱ型和Ⅲ型声级计为普通声级计。

B　频率分析仪

测量噪声还可用频率分析仪，主要是有测量放大器和滤波器等，它的工作原理基本以以上仪器的工作原理大致一致。所不同的是它还可以测量吸声系数、电压、峰值、平均值等其他参数。滤波器是对一种频率有选择性的电路，它将复杂的噪声成分按需要分成若干个带宽，在工作时只要将特定的频率通过整个机器的计算，就可以除去不需要的频率，而保留过滤的所需频率。

频率分析仪把频率域分成若干小频段，靠一组带通滤波器取出各段中心频率附近的声压级，然后以各频段的中心频率为横坐标，以该频段的声压级为纵坐标，得到的频带声压级与中心频率的关系曲线即为噪声的频谱图。

通常，将声级计与倍频程或 1/3 倍频程的滤波器连用，就可进行倍频程或 1/3 倍频程的频谱分析。国家标准规定在噪声测量中频谱分析均以倍频程或 1/3 倍频程为准，但在噪声研究中，除了采用上述两种标准外，往往需要作频率分辨率更高的谱分析。目前许多高性能频谱分析仪均兼有声学测量功能，可以实现窄带滤波，如倍频程滤波、1/3 倍频程滤波、1/12 倍频程滤波等，专门供噪声研究使用。有的声音仪器也会带有滤波器，这样可以对噪声直接进行频率的分析计算。

5.3.3.2　振动的评价和测量

A　振动的评价方法

位移、加速度、频率和速度是用来衡量物体振动的物理单位。一个物体的震动方式，无论有多复杂，通过这些原理就可以将其分解成无数个震动的小单位，并分析整个物体运动的规律。

简谐振动的位移：

$$x = A\cos(\omega t - \varphi) \tag{5-16}$$

式中，A 为最大振幅；ω 为角频率，$\omega = 2\pi f$；t 为时间；φ 为初始相角。

简谐振动的速度：

$$v = \frac{\mathrm{d}x}{\mathrm{d}t} = \omega A\cos\left(\omega t - \varphi + \frac{\pi}{2}\right) \tag{5-17}$$

简谐振动的加速度：

$$a = \frac{\mathrm{d}^2 x}{\mathrm{d}t^2} = \omega^2 A \cos(\omega t - \varphi + \pi) \tag{5-18}$$

速度相位相对于位移提前了 $\frac{\pi}{2}$，加速度相位则提前了 π。加速度的单位为 $\mathrm{m/s}^2$，有时也用 g 来表示。g 为重力加速度，$g = 9.8\mathrm{m/s}^2$。

（1）振动加速度级。振动加速度级定义为：

$$L_a = 20\lg \frac{a_e}{a_{\mathrm{ref}}} \tag{5-19}$$

式中，a_e 为加速度的有效值，对于简谐振动，加速度有效值为加速度幅值的 $\frac{1}{\sqrt{2}}$ 倍，a_{ref} 为加速度参考值，国外一般取 $a_{\mathrm{ref}} = 1 \times 10^{-6}\mathrm{m/s}^2$，而我国习惯取 $a_{\mathrm{ref}} = 1 \times 10^{-5}\mathrm{m/s}^2$。

人体对于震动的感受也分为高中低级等。其中对于频率高的更为敏感，而频率低的感觉不大，在震动环境中，它的时间长短和振动方向都与感觉的产生有着密不可分的联系，这些因素由图 5-5 来表示，其中它的加速度用 L_{ac} 表示：

$$L_{ac} = 10\lg \sum 10^{(L_{ai} + C_i)/10} \tag{5-20}$$

式中，L_{ai} 表示每个频率的振动加速度级；C_i 为表 5-6 所示的修正值。

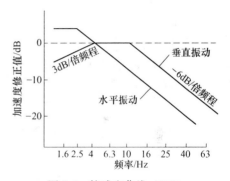

图 5-5　等感度曲线（ISO）

表 5-6　垂直与水平振动的修正值 C_i

中心频率/Hz	1	2	4	8	1.6	31.5	63
垂直方向修正值/dB	-6	-3	0	0	-6	-12	-18
水平片向修正值/dB	3	3	3	9	-15	21	-27

（2）振动烈度。振动速度也常被用来作为衡量标准评定机械振动程度。美国和加拿大以速度的峰值来表述机器的振动特征。欧洲国家和我国多用速度作为机器的震动频率，则机器多为简谐振动，在有效值和速度的最大值之间可以探究其中的联系，即

$$v_{\max} = \sqrt{2} v_e = 2\pi f A \tag{5-21}$$

式中，$v_{\max}$ 为振动速度的峰值，$\mathrm{mm/s}$；v_e 为振动速度的有效值，$\mathrm{mm/s}$；f 为频率，Hz；A 为振幅，mm。

振动的方向表示机器的振动方向，其中分为三种，有纵向、横向和垂直方向，以此来探究分散点位的观点。

以三个方向上振动速度的有效值的方均根值表示机器的振动烈度为：

$$v_m = \sqrt{\left(\frac{\sum v_x}{N_x}\right)^2 + \left(\frac{\sum v_y}{N_y}\right)^2 + \left(\frac{\sum v_z}{N_z}\right)^2} \quad (\text{mm/s}) \qquad (5\text{-}22)$$

式中，$\sum v_x$、$\sum v_y$、$\sum v_z$ 为垂直、纵向、横向三个方向各自振动速度的有效值之和，mm/s；N_x、N_y、N_z 为垂直、纵向、横向三个方向上的测点数目。

B　振动的评价标准

人体对振动的感觉是：刚能感觉到振动，加速度值是 $0.003g$，令人有不愉快感的振动加速度值是 $0.05g$，令人有不可容忍感的振动加速度值是 $0.5g$。振动有垂直与水平之分，人体对垂直振动比对水平振动更敏感。

振动的评价标准可以用不同的物理量来表示，用得比较多的有加速度级和振动级。评价振动对人体的影响远比评价噪声对人体的影响复杂。振动强弱对人体的影响大体上有四种情况：

（1）振动的"感觉阈"，人体刚能感觉到的振动，对人体无影响。

（2）振动的"不舒服阈"，这时振动会使人感到不舒服。

（3）振动的"疲劳阈"，它会使人感到疲劳，从而使工作效率降低。实际生活中以该阈值为标准，超过者被认为有振动污染。

（4）振动的"危险阈"，此时振动会使人们产生病变。

C　振动的测量

环境工程中，测量振动利用振动计直接读数即可。振动计的频率范围取 1~80Hz，通常采用加速度级作为标准。振动测点的选择十分重要，可参考《城市区域环境振动测量方法》（GB 10071—1988）的规定。

5.3.4　液压系统的振动与噪声控制

实际调查发现，液压元件产生噪声和传递辐射噪声的情况各不相同，其排列次序见表5-7。

表5-7　常用液压元件噪声特性比较

元件名称	液压泵	溢流阀	节流阀	换向周	液压缸	滤油器	油箱	管路
产生噪声次序	1	2	3	4	5	6	7	5
传递辐射噪声次序	2	3	4	3	2	4	1	2

噪声源来自于液压泵等，但是由于整个油箱的体积较大，质量较高，所以声音的噪声辐射也就较大。在这种控制噪声的过程中，应该从元件产生的噪声和由

于装置振动产生的噪声两个方面来加以考量，通过实践证明，如果想将原件本身的噪声除去，就要对整个液压系统进行有效的防护，采取更多的护理措施来减小噪声。下面对各类液压元件和系统产生噪声的原因及防治办法分别作简要叙述。

5.3.4.1 液压泵的噪声及其控制

液压泵的结构形式很多，产生噪声的原因不尽相同，噪声等级也有很大差异。噪声相对比较低的有叶片泵、螺杆泵和内啮合齿轮泵等。柱塞泵和齿轮泵的噪声较大。其中柱塞泵常用于高压场合，应用范围广，噪声问题尤为突出，下面以此为例对液压泵的噪声控制进行介绍。

A 旋转零件机械振动引起的噪声

泵中旋转件不平衡、轴承精度差、传动轴安装误差过大、联轴器偏斜、运动副之间的摩擦等，均会造成振动，激发噪声。其中旋转件偏心所引起的噪声的频率等于泵转速的基频（$n/60$）。如轴承的滚子数为 N，则泵内轴承噪声的频率（Hz）为：

$$f_N = \frac{Nn}{60} \tag{5-23}$$

式中，n 为泵的转速，r/min。

为了降低泵的噪声，必须对回转件如主轴、斜盘等进行静、动平衡试验，试验时需要将所有与回转零件一起旋转的零部件如轴承等安装在一起试验，通过配重的方式最终达到静动态平衡的要求。

B 困油及压力冲击噪声

柱塞泵在工作中，缸内流体在配流过程中由低压向高压或由高压向低压转换过程中的压力冲击是柱塞泵产生噪声的主要原因。同时，在某一旋转角度范围内，缸体、柱塞及配流盘形成的密闭容积会变化，导致其中的油液的压力会急剧变化，而此时密闭容积与进、回油腔均不相通，当密闭容腔减小时，其中油液压力急剧上升；当密闭容腔增大时，将形成真空，导致气穴和气蚀的产生。此即为困油现象。困油现象是使柱塞泵产生噪声的一个重要原因。

下面以端面配流轴向泵缸内压力转换过程为例进行说明。缸体内流体与配流盘高压腔接通时形成压力冲击波。由于压力剧烈变化，产生很大的压力超调，而且还有振荡过程；同样，在由高压向低压转换过程中，也产生一个类似的卸压冲击过程。这种升压和卸压冲击噪声的频率为：

$$f_v = \frac{2zn}{60} = \frac{zn}{30} \tag{5-24}$$

式中，z 为柱塞数目，个；n 为泵的转速，r/min。

为了降低这种噪声，目前都在配流盘上开预充压和预卸压的阻尼槽，并使配流槽腰形对称中心线相对于斜盘转过一个角度 α，如图 5-6 所示。这样，缸内液体在与配流盘腰形槽接通时，压力冲击大大减小，从而可降低泵的噪声。

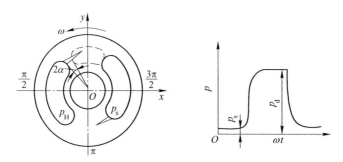

图 5-6　端面配流轴向泵缸内压力转换过程

在图 5-6 中，配流盘上预充压和预卸压阻尼槽的结构使泵的容积效率略有降低，但对降低泵的噪声却非常有效。因此已被广泛地采用。阻尼槽的尺寸与缸的容积、柱塞的行程和泵的工作压力有关，配流盘预压缩的转角 α 一般为 3°~9°，过大的转角会影响配流盘腰形槽的通油面积。上述阻尼槽尺寸和转角 α 的大小应通过试验确定。

C　气蚀激发的噪声

当泵的吸入管道及流道上的阻力损失太大时，在吸入区缸内介质中溶解的气体将逸出，形成大量气泡。如果缸内压力进一步降低到低于工作介质的汽化压力，就要产生更多的蒸气泡。当缸孔与配流盘的高压腔接通时，气泡破裂，会引起激烈的冲击、振动和噪声。

另外还应注意到，缸孔在吸油过程中，柱塞运动速度和吸油过流面积是变化的。在 $\varphi = \dfrac{3}{2}\pi$ 处，柱塞运动速度最大，而在 $\varphi = 2\pi$ 处，过流面积最小，在这两处最容易产生气蚀。

D　斜盘力矩正负交变激发的噪声

缸孔内液压力的突变会引起泵内力矩的突变。对斜盘式泵来说，泵内力矩包括缸体所受的倾覆力矩及斜盘力矩。设斜盘由于液压力引起的力矩为 M，液压力对 x 轴的力矩 M_x 就是使缸体绕 x 轴转动的倾覆力矩，两者的变化规律相同。在奇数柱塞的情况下，位于高压区的柱塞数在不断变化。由于间隙的存在，斜盘的建造部件在承受交变的力矩或力后，必将产生机械碰撞而激发噪声。在此过程中，力矩的变化率取决于缸孔内压力的变化率。通过结构措施可以使 M 变化平缓，并且使其变化不过零。这样，虽然斜盘仍然承受脉动力矩，但其方向不变，就可以避免变量部件的机械碰撞，从而降低噪声。理论分析表明，泵内部力矩对噪声的影响最大，而流量脉动影响很小，因此，应该着重对泵的力矩进行控制。

E　工况参数对泵噪声的影响

图 5-7 所示为不同工况下泵的噪声级与工况参数的关系，可以看出，转速 n 对噪声 L_p 的影响最大，输出压力 p_d 次之，斜盘倾角 β 最小。其原因在于：n 增大，扰动源频率增高，噪声频率向高频部分转移，A 声级明显增大；而压力 p_d 对力和力矩的影响则主要表现在扰动幅值上，作用稍小一些；β 变化的影响主要是通过斜盘力矩起作用；β 对 M 的影响比 p_d 小，所以，β 的影响最小。p_d、n 对泵噪声级的影响规律不仅对柱塞泵如此，对叶片泵、齿轮泵也是相同的。

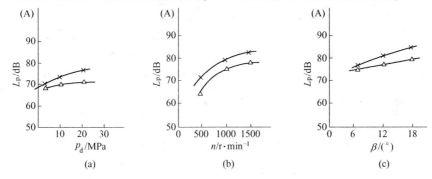

图 5-7　泵的噪声级与工况参数的关系

(a) L_p-p_d；(b) L_p-n；(c) L_p-β

×—阻尼槽为节流孔型；△—阻尼槽为三角槽型

5.3.4.2　液压控制阀的噪声及其控制

液压控制阀的噪声是液压系统噪声的主要来源之一，其诱因主要有以下三个方面。

A　阀芯振动或颤振噪声

在每一个液压系统控制的阀门中都会有弹簧力，这种弹簧力是一种弹簧结构也是一个容易振动的物体，它会使压力得到控制，使阀芯复位。其整个系统工作的控制功能，在整个阀芯震动的过程中，实际上也是震动过程，这种结构存在着周期性的变化，使整个流量得以有规律性的流动，在当震动频率和阀的固有频率接近时，就会产生振动而产生噪声。噪声产生也导致阀的不稳定，干扰到阀系统的正常工作。但是由于整个阀开口的开度较小，而流量较为波动，所以导致阀系统的导向性和工作性能下降。高压之下，产生的噪声频率会有所增加。对于这种阀容易振动而无法正常运行的情况，要采取有效的保护措施。由于颤振动而引起的噪声是必须在工作中加以重视的。无论是对于阀系统的安全性还是人工的自身安全都要给予更多的关注。为此，要选用一些流量均匀的电泵作为供油来源；同时，或者改变弹簧的频率使弹性增大，或者是减小阻力运动中摩擦力对于整个系统的干扰作用。

B　气穴噪声

在阀的运作过程中，当前后压差变小时，阀的震动速度就会增加并导致局部的压力低于油液中空气的分离压力，会使空气中的油液分解出来，导致噪声的产生。当局部的压力低于油源便会使油液化。这两种情况对于整个阀系统都是十分致命的。这些液化出来的气泡会在压力较高的位置被破坏而产生噪声，以此产生气穴噪声。为了防止这种情况的发生，可以采取以下三种措施。

（1）将阀的工作压差控制性增强，以此增加节流口的工作。流量一般选取 0.3~0.5 的范围之内，或者采取多级节流形式来降低不同层次的压差能力，使整个油泵快速进入工作状态，并且不缩短工作时间。但是这种工作方式会给负载能力带来较大的影响，不建议采用这种通过节流调试速度的措施。

（2）合理设置背压。溢流阀的调定压力与背压大小决定了该阀的前后压差。试验证明，在一定范围之内溢流阀的噪声随着其压差与流量的增加而增大，在溢流阀的调定压力与流量一定的情况下，溢流阀的噪声将随着背压的增加而变化。图 5-8 所示为背压对一个 30° 阀芯与 60° 阀座配对形成的锥阀口噪声特性曲线，其中阀口的进口压力保持为 3MPa，p_2 为出口压力。声级计放在离装置 0.7m 处，与装置在同一水平面。从图中可以看出在背压为 0.4~0.6MPa 时，气穴噪声达到最大值，背压低于 0.4MPa，噪声逐渐减小。气穴噪声主要是由于阀口下游侧高压区气泡的破灭造成，噪声的大小取决于破灭的气泡数、气泡的大小和破坏的速度。在气穴初生阶段，发生的气泡数少，因背压 p_2 较高，所以气泡直径小，噪声也小。随着 p_2 下降，阀口两端压差增大，气泡数量增加，气泡的尺寸增大，气泡破灭的速度也加快，故噪声也增大。如果 p_2 再下降，虽然气泡的数量和尺寸增大，但因为背压低，气泡的破灭速度变得缓慢，同时气泡容易随着流体流回到油箱，因而噪声反而下降。为了减小控制阀的噪声，应合理选择背压，避免其落在 0.4~0.6MPa 之内。

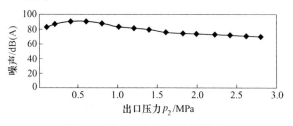

图 5-8　背压对气穴噪声的影响

（3）在系统高处设置排气装置，排除阀内的空气。

C　冲击噪声

如果油压的速度急速上升，会导致噪声突然产生。当阀系统快速转换方向时，会导致油的压力上升，此时元件所产生的加速度会大于0.39，从而产生一种冲击性的噪声。为了以免这种情况的发生，可采取以下几种措施。

（1）为了使阀门的流通面积变小，在阀的截流口设三角槽等来控制。

（2）转换延长流动的时间，通常采取直流电磁铁。

（3）为了控制压力，需要将电液交换方向，以此来调节阻尼器的转向时间，并且减小阀系统的工作压力。

（4）在液缸中装缓冲设备，减缓它的阻尼力。

D　高速喷射涡流声

阀系统在工作时油压的压力会使油液迅速冲回油箱，此时压力会转换成动能和热能，导致许多油液不均匀运动或者极速喷射，导致一种由于油液被切断而产生的噪声。

5.3.4.3　液压系统的噪声及其控制

液压系统的噪声控制主要从以下三个方面着手：一是尽量选用低噪声液压元件；二是控制液压系统噪声源的噪声；三是控制噪声外传的途径。下面从系统设计、使用、维修的角度，介绍控制液压系统噪声的具体措施。

A　防止气穴噪声

（1）为防止空气侵入系统，主要采取以下四项措施：

1）使液压元件和管接头密封良好；

2）使液压泵的吸油和回油末端处于油位下限以下；

3）减少液压油中的固体杂质颗粒，因为这些颗粒表面往往附有一层薄的空气；

4）避免液压油与空气的直接接触而增加空气在油液中的溶解量。

（2）排除已混入系统的空气，应采取的措施是：

1）油箱设计要合理，使油在油箱中有足够的分离气泡的时间；

2）液压泵的吸油和回油口之间要有足够距离，或者在两者之间设置隔板；

3）在系统的最高部位设置排气阀，以便排出积存于油液中的空气；

4）在油箱内倾斜（与水平成30°角）放置一个60~80目（最佳为60目）的消泡网，这样能十分有效地使油液中的气泡分离出来。

（3）为防了液压系统产生局部低压，主要应注意以下几点：

1）液压泵的吸油管要短而粗；

2）吸油滤油器阻力损失要小，并要及时清洗；

3）液压泵的转速不应太高；

4）液压控制阀及孔口等的进出口压差不能太大（进出口压力比一般不要大于3.5）。

B　防止压力脉动噪声

压力脉动是流量脉动在遇到系统阻抗后产生的，是液压系统噪声的一个重要来源。减小压力脉动可以从两个方面着手：一是合理设计泵的结构及其参数，从而提高排出流量的均匀性；二是从负载方面采取措施以降低压力脉动，包括减小系统的输入阻抗，即减小泵的负载阻抗、增加对压力脉动的衰减和吸收等。

在阀系统工作过程中会产生大量的噪声，故需要使用消声器。液压消声器主要利用消除空气中噪声的原理，针对液压系统的物理特性，减少噪声的产生，其也可以用来吸收液压震动或是减弱这种压力。因此又被称为液压过滤器。可分为抗性和阻性两种。其中，前者主要是应用于装置的管壁上，通过吸取声音和吸取噪声的结构来减少噪声的传播距离和能量，它主要是在电路中起作用。后者的结构较为复杂，使用时间较短，所以一般在液压系统中较少应用。由于结构简单，压力损失小，这种抗性液压器成为各大系统应用的主流。抗性消声器并不直接吸收声能，其中工程消声器是借助旁接共振腔吸收脉动的，而扩展式消声器是借助于管道截面的突然扩展而消振的。

简单实用的抗性液压消声器是具有液感、液阻、液容作用的共振消声器（又称亥姆霍兹共振器），如图 5-9 所示，通常安装在靠近液压泵出口附近，对降低由于压力脉动而引起的液压噪声有很好的效果。

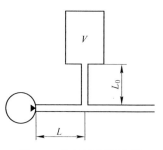

图 5-9　抗性液压消声器

共振消声器一般需根据系统情况自行设计，设计时应注意消声器的容腔容积 V、消声器颈长 L_0 及消声器至泵的距离（管长）L 均不宜过大，否则起不到消声作用。甚至可能起相反作用。

消声器容腔一般设计成圆柱形，容腔的长径比一般不要过大，可在 1：1 到 1：5 之间选取。共振消声器除了采用上述旁支式形式外，也常采用缓冲瓶式安装、同心管式。另外，为了提高消声效果，还常采用多孔或多室共振消声器等。

C　防止管道系统产生共振噪声

管道是连接液压元件、传送工作介质及功率的通道，也是传递振动与噪声的桥梁。管道没有振动，但由于其缺乏阻尼，即使很小的激发扰动也能导致强烈的振动和噪声。诱发管道产生振动和噪声的主要原因是管道内液流压力的波动。由此出发，一方面需要采取措施，尽量减少流量及压力脉动；另一方面，对于管道系统的设计和施工可考虑采取下列措施。

（1）合理设计管路，使管长尽量避开发生共振的管长。

（2）采用闭端管路（盲管）。如图 5-10 所示，在末管路的适当地方，旁接一闭端支管，如果支管路的输入阻抗为零，则全部脉动将由支管引走，从而在主管路内可获得平稳的液流而消振。

（3）在管路振源附近安装蓄能器。蓄能器一般
用来吸收液压冲击和压力脉动等。在液压系统中振
源附近安装的蓄能器可以视为一个充气的闭端支
路，为了使蓄能器具有较好的消声效果，应使蓄能

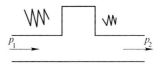

图 5-10 设置闭端管路

器的输入阻抗为零，也就是说蓄能器的充气长度应符合条件。

（4）管道的固定。一般在管路中配置一定数量的管夹可以防止管路的振动，管夹中增填防振、吸振材料效果就更佳。但是管夹固定部位不能随意而定，应该避开共振管长。所以在管路共振计算中应首先了解液压系统的脉动源频率 f，这里通常可认为是液压泵的压力脉动频率，然后把管路的固有频率 f_n 控制在 $(1/3 \sim 2)f$ 以外，并通过管夹的固定或支承调节配置管路本身的固有振动频率。管路的固有频率可根据相关公式计算。

D 防止液压冲击噪声

在液压系统中，由于某种原因，如管道内液流速度突变、运动部件制动等，在阀系统工作中会有一瞬间液体压力突然升高，这种现象被称为冲击现象。此时压力会比平常的压力高出好几倍，甚至几百倍，并且会产生大量的噪声，为了减少这种情况的发生，可以采取以下几种措施。

（1）控制管道内液体的速度。

（2）改变冲击的接触面积，减少冲击力度；间接性地调整速度以及传播距离。

（3）改变传播管道中的材料成分，采取橡胶管道或者是蓄能器，吸收冲击压力，减小冲击波或是安装安全阀等。

（4）利用控制阀口的制动装置，使运动变得有均匀规律。

（5）当采用天然水或高水基介质作为液压系统工作介质时，由于水的密度比矿物油大，水中的声速比矿物油中高，在同等条件下，在水压系统中发生水击时所产生的压力要比油压系统中的高，因此，对于水压系统和元件，更要注意采取措施，防止水击所造成的危害。

E 油箱的噪声控制

油箱的振动和噪声主要是由其他液压元件、装置的振动引起的。例如液压泵和电动机直接安装在油箱盖上时，液压泵和电动机的振动，非常容易使油箱产生共振。尤其是用薄钢板焊接的油箱更容易产生振动和噪声。为了控制油箱的噪声，可采取下列措施。

（1）当噪声放大时，可以加大整个油箱的辐射面积，在油箱的里面和外面均涂上阻力材料，减小频率和震动，以此来减小它的噪声。

（2）加设隔振板。功率较大的液压泵和电动机，往往会产生很大的振动和

噪声，并激发油箱振动。特别是液压泵、电动机直接安装在油箱盖上时，必然诱发油箱发很大的噪声。为此，可在液压泵及电动机与基座或箱盖之间放置厚橡胶板等作隔振板。隔振板的固有频率要与泵及电动机的回转频率远远地错开，以防发生共振。

另外，还必须注意管道的隔振，否则会通过管道把泵和电动机的振动传到油箱上。

F　控制振动及噪声的对外传播——隔振和隔声

若采用上述防止、降低液压系统噪声的措施后，仍达不到预期的效果，可以考虑对系统的整体或局部采用隔振、隔声、吸声措施。这是降低现有设备噪声的一种方法，特别是当液压泵或泵站的噪声较高时，在现场可作为一种应急办法加以采用。

（1）液压装置的隔振。根据振源的不同，隔振可以分为主动隔振与被动隔振两类。对于本身是振源的机器或设备，为了减小它对周围设备或仪器的影响，把它与地基隔离开，这种隔振方法称为主动隔振或积极隔振。对于不允许振动的设备或仪器，为了减小振源对它的影响，需将它与振源隔离开，如支承运动引起的强迫振动，振源来自支承基础，采取隔振措施减小基础振动对系统的影响，这种隔振方法称为被动隔振或消极隔振。这两种隔振的原理相似，采用的方法也基本相同。

按隔振器的结构和材料不同，隔振器一般可分为三类：金属弹簧或橡胶隔振器；弹塑性支承；弹性垫。在制定或改造一个设计方案时，总是要保证所研究的机器和驱动它的机组安装在一个共同的基础上。设计隔振器的目的是用来保护机器，使它受到最低干扰频率时不损坏。这就要求所设计的系统的固有频率低于可能出现的最低干扰频率的 $1/3$，从而使振动传递率 T（通过弹性支承传递到基础上的力振幅与扰动力振幅的比值）在 0.2 以下，这样，在干扰频率增大时就可以更好地隔振。

金属弹簧隔振器是工业中常用的隔振器之一。它的优点是固有振动频率低（低频隔振好），可以承受较大负载，耐高温、油污，便于更换，大量生产时一致性好；其缺点是几乎没有阻尼（钢弹簧阻尼一般为 0.05），对高频振动无隔振作用，使用时很难保证不摆动。

为了克服上述缺点，可采用将弹簧与橡胶阻尼器并联的办法。例如，目前国内生产的阻尼弹簧隔振器，具有钢弹簧阻尼器的低频率和橡胶隔振器的大阻尼双重优点，因此能消除钢弹簧隔振器所存在的共振时振幅激增现象和解决橡胶隔振器固有频率较高、应用范围狭窄等问题。有的采用金属与橡胶复合制成，金属表面全部包覆橡胶的橡胶隔振器，具有阻尼比适宜、固有频率低等优点。

（2）液压装置的隔声。隔声法主要是在被隔声的对象上罩上隔声罩。隔声是根据惯性原理的一种降低噪声的方法。例如，对某一物体施加一力（如噪声的声压力），则物体（视为隔声材料）的质量越大，它就越难被加速。由此可知，铅是理想的隔振材料，但是太昂贵。在液压装置中，一般对液压泵加隔声罩，或者对油箱加隔声罩，或者对包括液压泵及油箱在内的整个液压站加隔声罩。对隔声罩有如下要求。

1）隔声罩的材料应当具有较强的隔声能力。结构材料的隔声能力与其质量大小成正比。因此，具有相同隔声能力的木板要比铅板、钢板厚得多。为此，有的在隔声板中间夹上铅箔或涂上重晶石之类的大密度材料，以提高其隔声质量。

2）隔声罩内表面应有较好的吸声能力。吸声材料对波动的空气是一种有效的阻尼材料，它能把一部分声能转化为热能。通常使用纤维、塑料等多孔材料作为吸声材料。多孔吸声材料对中高频的吸声系数较高。吸声材料的厚度一般应取消声频率的1/4。

3）隔声罩应当有足够的阻尼，这样才可能有效地阻止共振。

根据上述要求，有的吸声罩在两层薄铝板（厚为0.4mm左右）间充吸声材料，也有的在铅板的两面涂上阻尼材料。对于由薄金属板构成的一些设备壳体或管道，如车、船、飞机的外壳，隔声罩和机械的壁面等，在设备运行时，这些壳体或管道的振动容易向周围辐射噪声，在它们的表面涂覆一层阻尼材料，能够减弱由于金属壁面振动而辐射的噪声，正好比用手捂住铜锣的锣面，敲打铜锣的声音就会低很多。

6 电液控制创新应用技术

液压技术是现代机械工程的基本技术，也是现代控制工程的基本技术要素。由于其本身独特的技术优势，使得它在现代农业、制造业、能源工程、化学与生化工程、交通运输与物流工程、采矿与冶金工程、油气探采及加工、建筑及公共工程、水利与环保工程、航天及海洋工程、生物与医学工程、科学实验装置、军事国防工程等领域获得了广泛的应用，成为农业、工业、国防和科学技术现代化进程中不可替代的一项重要的基础技术；但液压技术也存在一些问题，如电液控制系统（特别是伺服系统）的效率偏低；传统的液压系统以矿物油作为工作介质，泄漏后污染环境，而且随着地球上石油资源逐渐枯竭，其价格也越来越昂贵等。

从事液压技术研究的学者、工程师们也已经意识到这些问题，液压技术在汲取相关技术领域，如电子、材料、工艺等领域的研究成果方面不断创新，使液压元件在功能、功率密度、控制精度、可靠性、寿命方面都有了几倍、十几倍乃至几十倍的改进与提高，同时制造成本显著降低。特别是随着人们对环境和资源的日益重视，高效、安全、节能、环保成为液压技术发展的主要主题。本章对目前液压技术领域几个比较热门的研究方向进行介绍，以进一步了解和研究液压创新技术。

6.1 机电液一体化系统设计

6.1.1 概述

机电液一体化系统是机电液一体化设备与产品的总称，它将这些设备与产品视为一个系统。机电液一体化系统具有典型的系统特征，包括以下几个方面：集合性，机电液一体化系统是许多不同功能单元的集合体；关联性，机电液一体化系统的各个组成部分之间具有互相联系和互相制约的单元；功能性，机电液一体化系统各部分具有特定的功能，特别是人们根据工程要求设计或改造的各种系统，总是具有一定的功能性和应用性；环境适应性，机电液一体化系统总是存在并运用到一个特定的工作环境中，与环境不断进行物质、能量、信息的交换。设计任何系统都必须适应不同环境工作要求。

机电液一体化系统工程是为更好地达到系统设计目标，而对系统的构成要素、组织结构、信息传输和控制机理等进行理论分析与综合设计的技术；机电液一体化系统工程也是一门把已有的各学科分支中的先进技术，最佳地组合起来用以解决综合性的工程设计问题的技术。机电液一体化系统工程是研究系统共性的跨学科的设计方法性技术，它在研究和处理任何技术性问题时应遵循以下基本原则：

（1）整体性原则。应把机电液一体化系统当作一个整体，应具有整体大于它的各部分的总和的思想，这是其整体性原则的本质。整体大于它的各部分的总和不是一种量与量之间的换算，而是一种质变，各部分组成系统后，形成了系统的整体性能，实现了新的功能及作用。

（2）综合性原则。任何机电液一体化系统都具有多方面的特性，涉及多方面的技术知识。综合性原则就是要把这些特性、所应用的设计知识综合起来加以研究和利用，不能顾此失彼，因小失大。应充分发挥系统中各个单元的作用，以满足系统的综合技术要求。

（3）科学性原则。在处理设计问题时应按照科学的顺序和步骤进行，环环相扣，并不断通过信息反馈加以分析检查改进，且尽量使用定量方法。充分利用当代先进的科学技术，根据设计要求，将开发创造新的设计理论，新的设计方法，充分地应用到系统设计中。建立系统模型和进行优化设计是按科学性原则处理设计系统问题的主要工作。

根据机电液一体化系统的设计原理可知，总可以把所设计的各种简单和复杂的设备或产品看成一个系统，运用机电液一体化系统工程的方法进行分析和设计。机电液一体化系统就是应用系统工程的方法设计出的产品或设备，构成机电液一体化系统的单元一般包括机、电、液、磁、光、计算机等，且这些单元之间存在着有机的组织与结合，以实现该系统功能的整体最佳化。

机电液一体化系统设计的第一个环节是总体设计，就是在具体设计之前对所要设计的机电液一体化系统的各方面，本着简单、实用、经济、安全、美观等基本原则进行综合性设计。其主要内容包括系统原理方案的构思，结构方案设计、总体布局与环境设计，主要参数及技术指标的确定，总体方案的评价与决策。

在总体设计过程中逐步形成下列技术文件与图纸：系统工作原理简图，控制器、驱动器、执行器、传感器工作原理图等，总体设计报告，总装配图，部件装配图。

对于新设备、新产品通常还要经过模拟试验装置的设计与试制、样机的设计与试制、定型设计与试制等三个阶段，以求各项性能指标达到设计要求。

总体设计是机电液一体化系统设计的最重要的环节，它的优劣直接影响系统的全部性能及使用情况。在总体设计中要充分应用现代设计方法中提供的各种先进设计原理，重视科学试验，尽力使总体设计在原理上新颖正确，实践上可行，技术上先进，经济上合理。

总体设计为具体设计规定了总的基本原理、原则和布局，指导具体设计的进行，具体设计是在总体设计基础上进行的具体化，并不断丰富和修改总体设计，两者相辅相成，有机结合，交错进行，不可能断然分开。

6.1.2　机电液一体化系统结构方案设计

机电液一体化系统原理方案确定之后，系统所确定的各个功能元，可分为两大类：一类是机械类的物理效应，如机械传动系统、导向系统、主轴组件等；另一类是电气系统的物理效应，如控制电机、控制电路、检测传感器等。对于电气类物理效应市场上大都有现成的成品出售，即使没有成品，设计人员也可应用半成品功能器件组合而成。对于机电液一体化系统，在电气结构设计方面需要做的工作越来越少。而机械结构方案和总体结构方案随着机电液一体化系统的工作对象不同而千变万化。为了满足机电液一体化系统设计，各种机械中典型的标准组件已经商品化，因此，机械结构设计是机电液一体化系统总体结构方案设计的重要内容。

结构设计工作包括两个方面，即"质"的设计和"量"的设计。结构方案设计属于"质"的范畴，通常简称为草图设计。其核心问题有两个：一是"定形"，即确定各元件的形态，把一维或两维的原理方案转化为三维的、有相应工作面的、可制造的形体；二是"方案设计"，即确定构成技术系统的元件数目及其相互间的配置。

结构方案设计的目的不仅是将原理方案结构化，而且要实现结构的优化与创新。所以在设计结构方案时，应遵循普遍适用的原则和原理；同时，还应熟悉怎样使结构设计工作循序渐进，以较少的工作量找出最佳的结构方案。

6.1.2.1　结构方案设计的工作步骤

这个过程一般可以粗略地分为初步设计、详细设计和完善与审核。

（1）初步设计。这一阶段主要是完成主功能载体的初步设计。一般把功能结构中对实现能量、物料或信号的转变有决定性意义的功能称为主功能，把满足主功能的构件称为主功能载体。对于某种主功能构件、器件的设计，首先需要几种功能载体；然后确定不同的功能载体的主要工作面、形成及主要尺寸，再按比例画出结构草图；最后在几种结构草图中择优确定一个方案作为后继设计基础。

（2）详细设计。这个阶段的第一步是进行副功能载体设计，在明确实现主功能需要那些副功能载体的条件下，对副功能尽量直接选用现有的结构，如选用标准件、通用件或从设计目录和手册中查找。

第二步是进行主功能载体的详细设计，应遵循本节后面所述的结构设计基本原则和原理。

然后进一步完善、补充结构草图，并对其进行审核、评价。

（3）结构方案的完善与审核。这一阶段的任务是在前阶段工作的基础上，对于关键问题及薄弱环节进行优化设计，并进行干扰和差错是否存在的分析。进行经济分析，检查成本是否达到预期目标。

6.1.2.2 结构方案设计的基本原则

系统结构方案设计必须遵守三项基本原则：明确、简单和安全可靠。其总目标是保证实现产品预期的功能，降低制造成本及保障人和环境的安全条件。

（1）结构方案设计时所考虑的各个方面均应体现明确性。首先是所选的功能载体工作原理明确，才能使所设计的结构能可靠地实现物料流、能量流、信号流的引导和转换，这时必须考虑到所依据的工作原理可能的各种物理效应，尽可能避免出现意外情况。另外，要明确各功能载体的使用工况，特别是对于假设的工况及载荷情况应随时检查其正确性。

（2）结构方案设计应简单。这里的"简单"应广义地理解为简化、简明、简要、简便、减少等多种含义。简单工作最主要的是结构简单，组成系统方案的零件数目要尽可能少，几何形状要简单规则，以达到便于操作、监控、制造、装配的目的。

（3）结构方案设计需安全可靠。系统的安全可靠一般从下面四个方面考虑：构件的可靠性，即在规定的外载荷下、规定的时间内，构件不发生失效、断裂、过度变形与磨损、失稳等；功能可靠性，即保证在规定的条件下实现总功能；工作安全性，是指对操作人员保证工作安全、身心健康；环境适应性，即不得造成超标准的环境污染，并能保证机器适应环境条件。

为了保证构件的可靠性，设计时力求做到搞清构件的受载情况，避免出现过载应力，特别要防止出现脆性断裂；同时，还要考虑材料性质的变异，即注意辐射、腐蚀、老化、温度、介质、表面涂层及制造对材料性能的影响。

保证系统功能可靠性的方法主要是冗余配置。根据不同的需要，冗余配置的方法有很多。其中，并联冗余应用最广泛，串联冗余只适用于一个功能单元失效形式，如图6-1所示。功能失效的串联系统，采用功能相同但工作原理不同的多重冗余配置，可以避免在同样条件下重复出现同样的失效，因而更为可靠。用这几种基本冗余配置形式，可以组合出更多的冗余配置形式，以保证系统工作的可靠性。

对于系统工作时的安全性，主要采用报警方式或自动监控装置来保证。

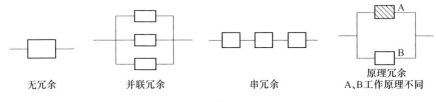

图 6-1　冗余配置基本形式

6.1.2.3　结构方案设计应遵循的一般原理与原则

A　运动学设计原则

空间物体具有 6 个自由度，可以用 6 个适当配置的约束加以限制，自由度与约束之间的关系是：

$$S = 6 - q \qquad (6-1)$$

运动学设计原则就是根据物体需要实现的运动方式，按式（6-1）确定施加的约束数，并将这些约束适当地配置，满足物体需求的运动方式，去掉物体多余的自由度。对约束的安排不是任意的，一个平面上最多安置三个约束，一条直线上最多安置两个约束。约束应是点接触，并且在同一平面（或直线）上的约束点应尽量离开得远些，限制自由度的方向应垂直于被约束的平面。

运动学设计原则要求施加点约束，但实际中不存在理想"点"，点接触处的压力很大，使材料发生变形，接触处实际是一块小面积。若在设计中将点约束适当扩大为一个有限小的面积，而运动学设计原则不变，可称为半运动学设计。图6-2（a）所示是符合运动学设计原则的滑动导轨；图6-2（b）所示是按半运动学设计原则进行优化后的滑动导轨，具有 5 个约束和 1 个移动自由轨。图6-3（a）所示是符合运动学设计原则的仅有一个转动自由度的轴系；图6-3（b）所示是按半运动学设计原则进行改造后的轴系，该结构用在经纬仪中。

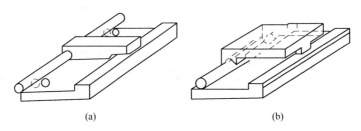

　　　　　　（a）　　　　　　　　　　　　　　　　（b）

图 6-2　不同设计原则的导轨结构

B　基面合一原则

结构方案设计时，要尽量满足基面合一原则，即应使定位基面尽量与使用基面和加工基面合为一体，这样可以减小由于基面不一致所带来的误差。

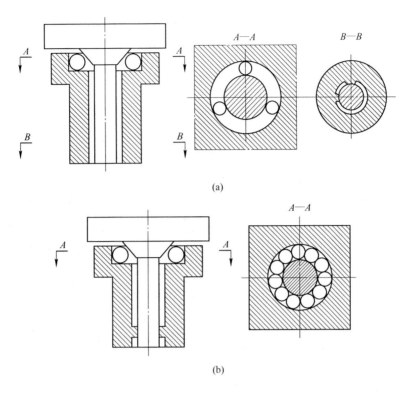

图 6-3 按两种设计原则设计的轴系

C 最短传动链原则

机电液一体化结构设计时，应尽量使驱动系统的自动变速范围宽，且运动形式与执行机构形式一致，这样就可以用最短的传动链，实现执行机构的运动要求。这是机电液一体化系统设计与一般机械系统设计的重要不同之处。

在总体结构设计时，传动链越简单越好，这样它的性能稳定性愈好，精度就愈高。

D "三化"原则

"三化"是指产品品种的系列化、产品零件的通用化和标准化。这是一项重要的技术经济政策，对国家、用户和企业都有利。

标准化对原材料、半成品及成品规定统一的标准和要求。目前有国家标准、部颁标准和企业标准。要尽量加大标准件在零件总量中的比重。有些行业对于新开发的产品，要求标准件在零件总量中占一定量的比重。

通用化避免零件的类型尺寸多样性，并将其性能和试验的方法缩小到合理的最小数量。

设计中采用标准化和通用化原则可以保证零部件的互换性，实现工艺过程典型化、产量增大，有效缩短制造周期，并为以后的维护带来方便。

E　阿贝原则

1890年，德国人阿贝对量仪设计提出了一个重要的指导性原则："若使量仪给出正确的测量结果，必须将仪器的读数线尺安放在被测尺寸的延长线上。"在设计精密机械及量仪时，应尽量遵循这一原则。

图6-4中，量仪读数导轨与被测工件距离，由于导轨有误差，工作台沿圆弧移动，测量时工作距离与工作台在导轨上所走的距离 $l = AB$ 间有误差。

由相似三角形关系得：

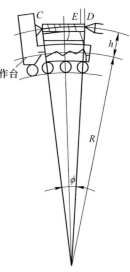

$$\frac{\Delta l}{l} = \frac{h}{R} \tag{6-2}$$

即

$$\Delta l = \frac{l}{R} \cdot h = \varphi \cdot h \tag{6-3}$$

当 $\varphi = 0$，要求导轨加工精度很高，根据阿贝原则在设计时要求 $h = 0$，以消除测量误差。图6-5（a）所示测量长度的游标卡尺不符合阿贝原则，其测量精度不高；而图6-5（b）所示的螺旋测微计符合阿贝原则，有较高的测量精度。

图6-4　阿贝原则

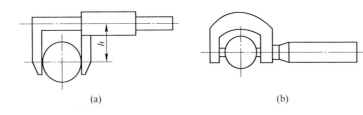

(a)　　　　　　　　　　　　(b)

图6-5　阿贝原则的应用
(a) 不符合；(b) 符合

6.1.3　机电液一体化系统总体布局与环境设计

6.1.3.1　人机系统设计

人机系统设计是总体设计的重要部分之一，它是把人看成系统中的组成要素，以人为主体来详细分析人和机器系统的关系。其目的是提高人机系统的整体效能，使人能够舒适、安全、高效地工作。

A 人机系统设计的基本要求

人机系统设计应与人体的机能特性和人的生理、心理特性相适应，具体有以下要求：

（1）总体操作布置与人体尺寸相适；

（2）显示清晰，易于观察，便于监控；

（3）操纵方便省力，减轻疲劳；

（4）信息的检测与处理与人的感知特性和反应速度相适应；

（5）安全性、舒适性好，使操作者心情舒畅、情绪稳定。

B 人机系统的结合形式

通常人机结合的具体形式各不相同，但都会有信号传递、信息处理、控制和反馈等基本功能。

从工作特性来看，人机系统可分为开环与闭环两种。人操作普通机床加工零件的系统是一个开环系统，系统的输出对系统的控制作用没有影响。数控机床加工零件的系统中一般设有反馈回路，系统的输出对系统的控制作用有直接影响。按人在系统中扮演的角色来看，人机系统可分为人机串联结合与人机并联结合形式。

C 人机系统设计

人机系统的设计核心是确定最优的人机功能分配，将人和系统有机地结合起来组成高人效的完整系统。

功能分析就是从人和系统各自的特点出发做出各种比较。例如，检测能力、操作能力、信息处理机能、耐久性、可靠性、效率、适应力等。并充分考虑人体的机能特性，如人体尺度，作业效率，疲劳极限，人的感知特性和反应时间、心理、生理特性等。

在进行功能分配时，要充分发挥人与系统各自的特性进行协调的界面设计，即人机接口设计。这种接口的硬件设计主要是显示装置与控制装置的设计。

（1）显示器设计。显示器设计的基本要求是，使操作者获取信息的过程迅速、准确而不疲劳。人机系统设计所要解决的不是具体的技术问题，而是从适合人的使用的角度，向设计人员提供必要的参数和要求。显示器主要有两种，一种是听觉显示，如蜂鸣器、铃、喇叭、报警器等；另一种是视觉显示，如影视屏幕、测量仪表、信号灯、标记等。在设计信息显示器时，应按信息的种类和人的视觉、听觉等感知器官的特性选择设计显示器的类型。

（2）控制器设计。利用人本身发出的位移、力、声、热等信号去控制系统工作的装置叫作控制器。根据人体的特性可以设计出手动控制器、脚动控制器以及声控、人体的光电控制等各种控制器。

控制器设计的核心思想是实现最简单、最方便的操作。首先一切控制器，都应适合人体特征的要求，应布置在人的肢体活动所能达到的范围内；控制器的尺度应与人体的尺度相适应；控制器的用力范围也应在人的体力范围之内；并应按人的反应速度确定操纵速度的要求。所以控制器设计的基本要求是便于识别、操作简单省力、形状美观、尺度适合等。

（3）监控子系统设计。由显示器、控制器和操作者组成的子系统就是监控系统，应把显示器、控制器的设计与人的获取信息与输出信息的特性结合起来全盘考虑。根据人体测量值、眼和机能、上下肢的动作特点等，在上方部位配置显示部分，在下方部位或手前方配控制部分。典型的例子是汽车驾驶室中设计的监控系统。

监控系统设计时还应注意协调控制量与显示量的关系。控制器的操作量 C 和显示量 D 之间的比例称为监控比，记为 C/D。一般来说监控比小的监控量，适用于粗调场合，它的调节时间短，但精度差；监控比大的控制量，适于精调，容易控制，但速度慢。

6.1.3.2　艺术造型设计

机电产品进入市场后，首先给人的重要的直觉印象就是其外观造型，先入为主是用户普遍的心理反应。随着科学技术的高速发展，人类文化、生活水平的提高，人们的需求观和价值观也发生了变化，经过艺术造型设计的机电产品已进入人们的工作、生活领域。艺术造型设计已经成为产品设计的一个重要方面。

A　艺术造型设计的基本要求

（1）布局清晰。条理清晰的总体布局是良好艺术造型的基础。

（2）结构紧凑。节约空间的紧凑的结构方式有利于良好的艺术造型。

（3）简单。应使可见的、不同功能的部件数减少到最少限度，重要的功能操作部件及显示器布置方式一目了然。

（4）统一与变化。整体艺术造型应显示出统一成型的风格和外观形象，并有节奏鲜明的变化，给人以和谐感。

（5）功能合理。艺术造型应适于功能表现，结构形状和尺寸都应有利于功能目标的体现。

（6）体现新材料和新工艺。目的是体现新材料的优异性能和新工艺的精湛水平。

B　艺术造型的三要素

艺术造型是运用科学原理和艺术手段，通过一定的技术与工艺实现的。技术与艺术的融合是艺术造型的特点。功能、物质技术条件和艺术内容构成了机电产品艺术造型的三要素。这些要素之间存在着辩证统一关系，在艺术造型的过程中要科学地反映它们之间的内在联系，通过艺术造型充分体现产品的功能美、技术美。图 6-6 显示了艺术造型三要素之间的关系。

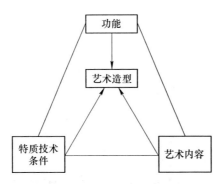

图 6-6　艺术造型的三要素

C　艺术造型设计的工作过程

对一个机电产品艺术造型的具体构思来说，考虑问题要经过由功能到造型，由造型再到功能的反复过程；同时还要经过由总体到局部，由局部返回到总体的反复过程。造型设计贯穿了产品设计的全过程，其设计特点是以形象思维为主。图 6-7 所示为艺术造型设计的基本工作过程。

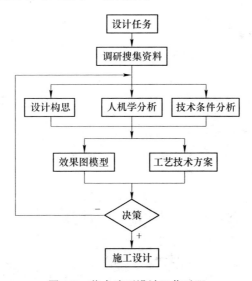

图 6-7　艺术造型设计工作过程

D　艺术造型设计要点

（1）稳定性。对于静止的或运动缓慢且较重的产品，应该在布置上力求使其重心得到稳固的支撑。并从外观形态到色彩搭配运用都给人以稳定的感觉。

（2）运动特性。总体结构利用非对称原理使产品具有可运动的特性。例如，许多运输设备，无论从上看，从前面看，或从后看都是对称的，给人以稳定感；从侧面看不对称的前后部分可使形状产生动态感，如在长方形中利用斜线、圆角或流线来反映运动特性，如图 6-8 所示。

图 6-8　运动特性的反映

（3）轮廓。产品的外形轮廓给人的印象十分重要，通常采用"优先数系"分割产品的轮廓，塑造产品协调、成比例的外观给人以和谐的美感。

（4）简化。产品外形上不同形状和大小的构件愈多，就愈显得繁杂，难以与简单、统一协调的要求相吻合。因此，可把一些构件综合起来，尽量减少外露件的数目。

（5）色调。色调的效果对人的情绪影响很大。选用合理的色调，运用颜色的搭配组成良好的色彩环境，能使产品的艺术造型特征得以充分的发挥，满足人们心理的审美要求。

6.1.3.3　总体布局设计

布局设计是总体设计的重要环节，布局设计的任务是，确定系统各主要部件之间相对应的位置关系以及它们之间所需要的相对运动关系。布局设计是一个带有全局性的问题，它对产品的制造和使用都有很大影响。

A　总体布局设计的基本原则

（1）功能合理。各分功能既易于实现又便于实现总功能，不论在系统的内部还是外观上都不应采用不利于功能目标的布局方案。

（2）结构紧凑，内部的结构紧凑要保证便于装配维护，外部的结构紧凑是艺术造型的良好基础。

（3）层次分明。总体结构和所有部件的布置应力求层次分明、一日了然。

（4）比例协调。这一原则按艺术造型方法实现。

B　系统总体布局的基本类型

由形状、大小、数量、位置、顺序五个基本方面进行综合，可得出一般布局的类型：

（1）按主要工作机构的空间几何位置可分为平面式、空间式等；

（2）按主要工作机构的相对位置可分为前置式、中置式、后置式等；

（3）按主要工作机构的运动轨迹可分为回转式、直线式、振动式等；

（4）按主要工作机构的布置方向可分为水平式、直立式、倾斜式等；

（5）按机架或机壳的形式可分为整体式、组合式等。

C 总体布局示例

这里以 CNC 齿轮测量中心为例说明总体布局所考虑的基本问题与解决过程。

CNC 齿轮测量中心的总体布局可从两个方面考虑，一是带动被测工件回转的主轴是水平（卧式）放置还是垂直（立式）放式，可分为卧式和立式两大类；二是以那一个方向的运动坐标作为床身，可分为主轴移动式和主轴固定式两类。

CNC 齿轮测量中心所测的工件大都是轴对称的回转件，主轴承受的载荷主要是工件的自重。当主轴卧式布置式时，工件的自重是主轴端部的主要径向载荷，在这一载荷作用下，主轴和支承都会产生弹性变形，使主轴端部产生径向位移，造成测量误差。所以说卧式布置不利于功能目标的实现；而立式布置时，工件质量造成主轴径向变形，对主轴的回转轴线影响很小，对测量精度影响亦很小。所以在实际应用中，大多数齿轮测量仪器及齿轮测量中心都是采用立式布置。

仅从机械本体考虑，本体可以认为是一种四坐标测量机，其中一个坐标是回转坐标。对于这一类设备进行总体布局时，一个很重要的问题是选哪一个坐标的导轨作为机身。图 6-9 所示是该测量中心的机构运动示意图，这种布局是以 R 向导轨作为机身，其实例如图 6-10 所示。这种布局，主轴固定，可以安装重量较大的工件，基本满足总体布局设计的基本原则。安装工件顶尖的立柱可以布置在机身侧面，增加操作者的操作空间。

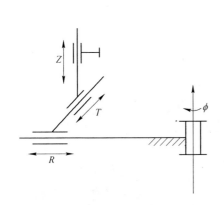
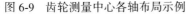

图 6-9　齿轮测量中心各轴布局示例

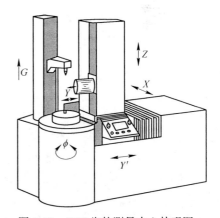

图 6-10　CNC 齿轮测量中心外观图

图 6-11（a）是选 T 向导轨作为机床的机构运动示意图，这种布局以 T 向导轨作为机身，其实例如图 6-11（b）所示。这种布局选择了运动链最中间的环节作为床身有利于整体传动精度的提高。由于主轴随 R 向导轨移动，故主轴上工件质量的变化亦将使 R 向导轨的载荷发生变化，所以这种结构适用于工件质量较小的测量环境。

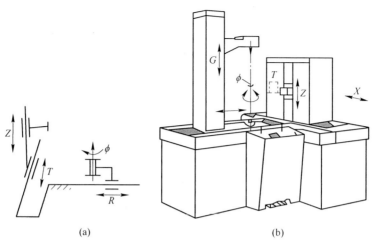

图 6-11　齿轮测量中心原理及外观图

（a）原理图；（b）外观图

另一方面，仅三个移动坐标的布置也有很多的变化，很接近三坐标测量机的总体布局，也可以在齿轮测量中心总体布局中参考三坐标测量机的总体布局。但有一点必须引起注意，那就是始终要把回转坐标轴的上顶尖立柱放在系统中进行通盘总体构思，而不能将它们割裂开来。

6.1.4　机电液一体化系统的设计与优化方法

6.1.4.1　机电液一体化系统的设计程序

机电液一体化系统的设计一般采用总体设计、部件选择与设计、技术设计与工艺设计的三阶段法。为了相互协调，在实验性设计与计算机辅助设计中，既分阶段又兼顾平行的设计，也就是并行设计成为首选。明确设计思想、分析综合要求、划分功能模块、决定性能参数、调研类似产品、拟订方案对总体方案、方案对比定型、编写总体设计论证书是总体设计程序。

以下几个问题在总体设计中应注意：（1）为便于简化机械结构，发挥机电液一体化效果，就要以机电互补原则划分功能，权衡用微电子技术或机械技术实现其功能的利弊，明确由机械技术以及微电子技术的硬件和软件来实现的功能范围。（2）用图表说明动作顺序要求与功能要求。（3）对产品的通用性与专用性以及批量的要求进行分析。（4）对产品的主要特性进行重点明确。（5）对产品的自动化程度及其适用性进行分析。（6）对环境条件要求进行分析。（7）对动力源特性进行分析。（8）确定机、电、液（气）驱动的最佳匹配。（9）分析可靠性。（10）对结构尺寸及空间布置进行分析。

6.1.4.2 机电液一体化系统（或产品）的设计步骤

机电液一体化系统（或产品）设计主要包括以下几个步骤（以工作机为例）。

A 通过其目的功能确定产品规格、性能指标

用来改变物质的形状、状态、位置尺寸或特性是工作机的目的功能，必须实现一定的运动、提供必要的动力是其根本，实现运动并提供必要的动力也是其基本性能指标，即实现运动的自由度数、轨迹、行程、精度、速度、动力、稳定性和自动化程度。为了满足使用要求而必须具有的输出参数是用来评价机电液一体化产品质量的基本指标。

用来表征机器工作运动的轨迹、行程、方向和起止点位置正确性的指标是运动参数。

用来表征机器输出力、力矩和功率等动力大小的指标是动力参数。

用来表征运动轨迹和行程精度、运动行程和方向可变性、运动速度高低与稳定性以及力和力矩可调性或恒定性等运动参数和动力参数品质的指标被称为品质指标。

通常要根据工作对象的性质和用户要求，有时还要通过实验研究，确定以上基本性能指标。不需要追求过高的要求，只需能够满足用户使用要求，在满足基本性能指标的前提下，在协调各方面提出的要求后，还要考虑组成产品的元部件的标准化程度的标准化指标。

B 系统功能部件、功能要素的划分

工作机要满足所需性能必须具备适当的结构。要以各组成要素及要素之间的接口为基础划分功能部件或功能子系统的具体结构，复杂机器的运动常形成若干自由度，即由若干直线或回转运动组合而成，因此，可以通过运动自由度划分若干功能子系统，再按子系统划分可能包括若干组成要素的功能部件。可根据整机的性能指标确定各功能部件的规格要求。通常，必须自行设计特定机器的操作（执行）机构和机体；执行元件、检测传感元件和控制器等功能要素既可自行设计，也可选用市售的通用产品。

C 接口设计

匹配问题与机械、电子硬件和软件等各组成要素间的接口有关。执行元件与执行机构之间通常通过机械接口检测传感元件与执行机构之间的匹配问题。机械接口的两种形式是，（1）直接连接执行元件与执行机构之间的联轴器和传动轴，以及直接将检测传感元件与执行元件或执行机构连接在一起的联轴器、螺钉、铆钉等时，不存在任何运动和运动变换。（2）减速器、丝杠、螺母等机械传动机构。控制器与检测传感元件之间的转换接口、控制器与执行元件之间的驱动接口

是电子传输、转换电路。这就是将接口设计问题称为机械技术和电子技术具体应用问题的原因。

D　综合评价（或整机评价）

对机电液一体化系统（或产品）的综合评价是对其实现目的功能的性能、结构进行评价。提高系统（或产品）的附加价值是机电液一体化的目的，必须以衡量产品性能和结构质量的各种定量指标作为评判其附加价值高低的依据。可选用不同的评价方法来完成不同的评价指标。

E　可靠性复查

机电液一体化系统（或产品）不仅容易受到电噪声的干扰，而且可能产生电子、软件以及机械等方面故障，因此，作为用户最关心的问题之一，可靠性问题必须高度关注。应在用可靠性设计方法的基础上，采用必要的可靠性措施来完成产品设计，而且为了方便发现问题并及时改进，在产品设计初步完成之后，还需要对可靠性进行复查和分析。

F　试制与调试

样机试制阶段是最终发现设计中的问题进行及时修改和完善产品设计的必要阶段，也是检验产品设计的制造可行性的重要阶段，通过样机调试可印证各项性能指标是否符合设计要求。

6.1.4.3　机电液一体化系统的现代设计方法

机电机械系统的设计方法不同，其一体化产品种类也不同。目前，常用的现代设计方法主要有：

（1）技术预测法。在设计前，根据书籍资料数据预测被设计对象在今后一定阶段内的发展动向，被称为技术预测法，其是现代设计的最初步骤。设计过程的第一个输入信号是预测的可靠性和准确性，决定设计成败的关键也是该信号的正确与否。

（2）科学类比法。搜集有关的信息与对象，以科学类比取得有用的、可借鉴的内容或数据十分重要，尤其在技术决策之后。类比法是一种从特殊事件到特殊事件的推理方法，不能与仿制或参考样机设计新机混为一谈。如果没有科学方法指导，类比推理带有很大的偶然性和猜测性，可靠性小；若采用一些现代化方法进行因果、对称关系等因素的分析，就属于科学类比。

（3）相似设计法。相似设计法是一种科学类比方法，即利用同类事物之间静态与动态的相似性，根据样机或模型求得新设计对象有关参数。

（4）模拟设计法。模拟设计法是一种科学类比方法，即利用异类事物之间的相似性进行设计。模拟是不可逆的。

（5）信号分析法。它是一种科学而合理的方法。在现代设计中，当技术预测与系统大致确定后，原始数据的获得是一个重要的问题。设计者从不同的资料和实验得到的技术数据差别很大甚至互不相同，这就需要用信号分析法对它们进行分析，去伪存真，获得所需要的接近真值的设计参数。

（6）优化设计法。优化设计法是现代设计法的核心之一，即指在给定系统方案后，利用各种数学优选法进行参数设计计算的方法。

（7）动态分析设计法。动态是指系统由一个稳态过程过渡到另一个稳态的过程。所谓动态分析设计，就是从动态分析出发进行设计。

（8）可靠性设计法。可靠性设计法，就是为了保证产品工作可靠、经久耐用，从产品的开发设计阶段就考虑其可靠度的一种设计方法。

6.1.4.4　机电液一体化系统的优化设计

优化设计是工程优化的一个重要组成部分，随着现代科学特别是数学、力学、工程技术和计算机科学的发展，优化设计的理论研究已经取得了实质性的进展，而且也在越来越多的领域中得到了卓有成效的应用。从设计方法论的角度看，传统设计大多建立在分析、试验或经验类比的基础上。对于复杂的结构参数，往往难以甚至不可能达到设计效果的最优，必须通过大量长期的研制与改进，才能使某种产品达到预期目的。相比之下，采用优化设计法，可以明确定量优化的目标，建立优化数学模型，在计算机上完成寻优，这样就能从本质上提高设计水平，缩短设计周期，有利于产品的更新和提高市场竞争力。

机电液一体化系统优化设计需要以数据规划为核心，以计算机为工具，向着多变量、多目标、高效率和高精度的方向发展，使之成为机电产品开发创新的有力的现代化设计手段。

机电液一体化优化设计将优化技术应用于机电液一体化系统设计过程中，通过对零件、机构、元器件和电路、部件、子系统乃至机电液一体化系统进行优化设计，确定最佳的设计参数和系统结构，提高产品的设计水平，从而增强其市场竞争力和生命力。优化设计的方法已比较成熟，各种计算机程序能解决不同特点的工程问题，其设计步骤为：

（1）建立数学模型。这是机电液一体化系统进行优化设计的关键一步，要求选取设计变量，建立目标函数，确定约束条件。由于机电液一体化系统是按系统工程的方法进行分析和综合的，因而可以借用系统工程中建立的数学模型；同时，由于机电液一体化系统中信息控制等借用控制工程的理论，因而具体数学模型的表达可借用控制工程的理论来建立。从这两点出发，机电液一体化系统的数学模型比同一目的纯机械系统的数学模型更好建立，也更容易接近实际。

（2）选择合适的优化算法及程序。对于非线性数学规划问题，针对数学模型的数学特征有许多算法和程序，可由有经验的优化设计人员推荐几种算法与程序。

（3）利用计算机进行优化设计，计算得出最优化设计方案。

（4）对优化得出的方案进行评价决策。随着建立数学模型方法的进一步成熟，上述优化设计在机电液一体化系统设计中正不断向前发展。

机械、电子硬件和软件技术都有各自的设计方法，这些方法遵循不同的原理，适应不同的工艺特点，不能彼此替代。在机电液一体化产品中，除包含有机械和电子环节外，还可能具有其他学科技术的环节。对于这种涉及多种学科技术的机电液一体化产品，难以获得一种通用的统一设计方法。目前，常采用多方案优化的方法进行总体设计，即在满足约束条件（特征指标）的前提下，采用不同原理及不同品质的组成环节构成多种可行方案进行比较、优选，从而获得满足特征指标要求且优化指标最合理的总体设计方案。可见，这种设计方法的关键是多种方案的列出，如果所列出的方案中不包括最优方案，则从中选出的方案只能是较优的，而不可能是最优的。

机电液一体化优化设计通常采用多目标规划法，因为设计的基本目标是多性能低价格，即包括了技术性和经济性两大类指标。多目标规划的求解策略有降维法、顺序单目标法和评价函数法等几种。这些方法的共同点是，设法把多目标问题转化成单目标问题求解，但不同的转化方法对应不同的求解策略。

降维法的基本思想是用一个起主要作用的指标作为目标函数，而将其他优化指标转化计算，最后确定出高性能低成本的方案。允差设计也是应用正交表在计算机上完成的。

6.1.5　液压机械节能控制技术

6.1.5.1　电液比例智能化控制

工程机械液压控制体系中，电液比例技术的引入不仅可通过替代一系列大量、繁杂的液压信号输送管路达到简化工作系统的效果，还能通过液压信号的高速传输达到优化液压系统反应速度、提升传输效率的效果，使工程机械的液压控制体系的操作形式得到进一步优化，使用时更为简易灵活。网络信息技术普及后，电液比例控制技术获得了"智能化"的发展，使其发展空间得到了进一步拓展。在未来，随着科技的不断发展和技术的不断革新，电液比例控制技术在工程机械液压控制体系中的应用，还可以实现对机械设备参数、液压信号的主动实时监控和智能测试，能有效确保设备的高效运行，提升设备的能源利用率，达到理想的节能效果。

6.1.5.2 变量泵控制方式

在工程机械的液压控制体系中引入 LS 敏感控制系统，能促使泵的输出压力和流量均处于理想状态，确保其满足机械负载的实际需求，最终达到提升液压系统工作效益的效果。但应用 LS 敏感控制系统需注意该系统的应用极易导致泵的输出流量无法适应多路阀的顺畅运转。总体而言，通过 LS 敏感控制系统的应用，能促使多路阀口的压力差逐步趋于一致，LS 敏感控制系统虽然会在一定程度上导致工程机械的运行速率下降，但是其具备的高精确度、高协调性使其在应用中仍具有巨大的优势。排量控制，即控制变量泵的排量。工程机械作业时，通过为变量泵加注适当控制压力即可获得对应的排量值。

6.1.5.3 柴油机电喷控制技术

当前，柴油机的主要控制技术有共轨、涡轮增压以及电控喷射等。其中，柴油机电控喷射体系主要以柴油机的喷油时间、喷油量的参数为参照调控柴油机的负荷。在柴油机中，电控喷射体系主要用于适时调整喷油量和喷油时长，进而使之随工况变化而变化，达到节能效果。

6.1.5.4 混合动力系统

混合动力系统的应用，主要表现在电能储存和压力储存方面，前者可实现对电能的有效存储，确保电动机的稳定可靠运行；后者可实现对零件的有效保护，以防零件受到严重损伤，同时对节能和环境保护也具有重要的意义。

6.1.5.5 多路阀控制

多路阀共具备 2 个通道，考虑多路阀优先回路设计和供油路之间的限制，为实现对传感阀工作情况的全面把握，工作人员常会并联操作直通回路流及供油路。

6.2 电液数字比例控制技术及应用

随着传感器检测技术、电子技术与计算机技术在电液控制系统中的广泛应用，电液比例元件向数字化方向发展已成为液压技术领域研究的热点课题之一。

6.2.1 电液数字控制概述

6.2.1.1 电液数字控制技术的特点

电液数字控制技术具有如下特点。

（1）数字液压元件与计算机连接不需要 D/A 转换器，省去了模拟量控制要求各环节间的线性和连续性。

（2）数字液压元件结构简单、工艺性好、价格低廉、抗污染能力强，可在恶劣的环境工作。

（3）数字元件的输出量可由脉冲频率或宽度进行高可靠性调节机制，具备抗干扰能力强、较高开环控制精度等特点。

6.2.1.2　电液间接与直接数字控制技术

用数字信号直接控制液流的压力、流量和方向的阀，称为电液数字阀（以下简称数字阀），电液数字阀主要有增量式数字阀、高速开关数字阀以及阀组式数字阀和数码调节阀。电液数字阀的控制技术包括电液间接与直接数字控制技术。

A　电液间接数字控制技术

液压间接数字控制技术的基本方法是将比例阀（或伺服阀）与控制放大器构成控制系统，一般通过 D/A 接口实现数字控制，这种控制方法存在的缺陷与不足：一方面，由于控制器存在模拟电路，易于产生温漂和零漂，不仅使系统易受温度变化的影响，也使控制器对阀本身的非线性因素如死区、滞环等难以实现彻底补偿；另一方面，用于驱动比例阀和伺服阀的比例电磁铁合，力矩马达存在着固有的磁滞现象，导致阀的外控特性表现出 2%~8% 的滞环，提高了阀的成本。除此之外由于控制器结构特点决定，比例电磁铁的磁路一般只能由整体式磁性材料构成，在高频信号作用下由铁损引起的温升较为严重。

B　电液直接数字控制技术

电液直接控制技术主要有高速开关阀的 PWM 控制和步进电机直接数字控制两种方法。步进电机又有三相步进电机和直线步进电机之分，二者在实现对数字阀的控制上有所不同，前者需要配合适当的传动机构，后者可直接进行直线控制。

（1）对高速开关阀的 PWM 控制。通过控制开关元件的通断时间比，可以获得在某一段时间内流量的平均值，进而实现对下一级执行机构的控制。该控制方式具有不堵塞、抗污染能力强及结构简单的优点。但是也存在以下不足：一方面，高速开关阀的 PWM 控制最终表现为一种机械信号的调制，易于诱发管路中的压力脉冲和冲击。从而影响元件自身和系统的寿命及工作的可靠性；另一方面，元件的输入与输出之间没有严格的比例关系，一般不用于开环控制。除此之外控制特性受机械调制频率不易提高的限制。

（2）步进电机直接数字控制。这种方法有利于数字执行元件步进电机（或者加适当的旋转—直线运动转换机构）驱动阀芯实现直接数字控制。由于这类数字控制元件一般按步进的方式工作，因而常称为步进式数字阀。

C 数字式电—机械转换元件

电液控制元件主要分为电液比例/伺服控制元件和数字控制元件两大类。前者的输出信号与输入信号之间呈连续的比例关系；后者接受方波信号或脉冲信号控制，其输出信号为开关状态或与输入的脉冲数呈离散比例关系。因而数字元件又可分为高速开关元件和离散式比例控制元件。离散式比例控制元件一般又分为阀组式和步进式两种。

6.2.2 增量式数字阀

增量式数字阀是由脉冲数字调制演变而成的增量控制方式，以步进电动机作为电-机械转换器，驱动液压阀芯工作，因此又称步进式数字阀。

6.2.2.1 控制原理

增量式数字阀控制系统工作原理方块图如图 6-12 所示。微型计算机（以下简称微机）发出脉冲序列经驱动器放大后使步进电动机工作。步进电动机是一个数字元件，根据增量控制方式工作。增量控制方式是由脉冲数字调制法演变而成的一种数字控制方法。是在脉冲数字信号的基础上，使每个采样周期的步数在前一采样周期的步数上增加或减少一些步数。从而达到需要的幅值。步进电动机转角与输入的脉冲数成比例，步进电动机每得到一个脉冲信号，步进电动机的转子便沿给定方向转动一固定的步距角，再通过机械转换器（丝杠-螺母副或凸轮机构）使转角转换为轴向位移，使阀口获得一相应开度，从而获得与输入脉冲数成比例的压力、流量。有时，阀中还会设置用于提高阀重复精度的零位传感器和显示被控量的显示装置。增量式数字阀的输入和输出信号波形如图 6-13 所示。由图可见，阀的输出量与输入脉冲数成正比，输出响应速度与输入脉冲频率成正比。对应于步进电动机的步距角，阀的输出量有一定的分辨率，它直接决定了阀的最高控制精度。

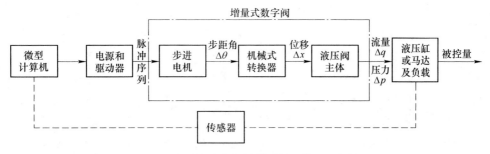

图 6-12 增量式数字阀控制系统工作原理方块图

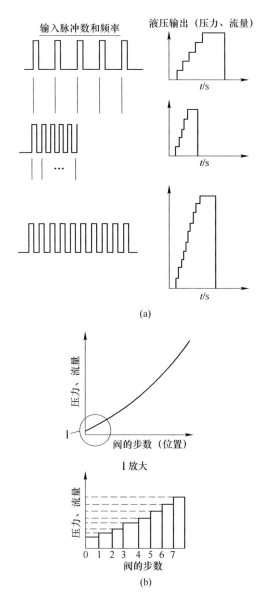

图 6-13 增量式数字阀的输入和输出信号波形图

(a) 脉冲速度与液压输出关系; (b) 输入输出特性

步进电机是电液数字阀的重要组成部分, 它是一种数字式的回转运动电-机械转换器, 利用电磁作用原理工作, 它将电脉冲信号转换成相应的角位移。步进电机由专用的驱动电源 (控制器) 供给电脉冲, 每输入一个脉冲, 电动机输出轴就转动一个步距角 (常见的步距角有 0.75″、0.9″、1.5″、1.8″、3″等), 实现步进式运动。

表 6-1 是某公司生产的增量式数字阀的规格系列。

表 6-1 某公司生产的增量式数字阀的规格系列

形 式	系 列	固定流量/L·min⁻¹	额定压力/MPa	步进数
数字压力 控制阀	02 03 06 10	1 80 200 400	0.6~7.0 0.8~14.0 1.0~21.0	100
数字流量 控制阀	02 03 06	65/130 125/250 250/500	21.0	100
数字方向 流量控制阀	02 04 06 10	70 130 250 500	21.0	126±63

按工作原理不同，步进电动机有反应式（转子为软磁材料）、永磁式（转子材料为永久磁铁）和混合式（转子中既有永久磁铁又有软磁体）等。其中反应式步进电动机结构简单，应用普遍；永磁式步进电动机步距角大，不适宜控制；混合式步进电动机自定位能力强且步距角较小。混合式步进电动机用作电液数字流量阀和电液数字压力阀的电-机械转换器，控制性能和效果良好。

增量式数字阀具有以下优点：首先，步进电机本身就是一个数字式元件，便于与计算机接口连接，可简化阀的结构，降低成本；并且步进电机没有累积误差，重复性好。当采用细分式驱动电路后，理论上可以达到任意等级的定位精度，如一些公司及研究院所研制的步进数字阀的定位精度均达到 0.1%。其次，步进电机几乎没有滞环误差，因此整个阀的滞坏误差很小，一些公司及研究院所研制的数字阀滞环误差均在 0.5% 以内。再次，步进电机的控制信号为脉冲逻辑信号，因此整个阀的可靠性和抗干扰能力都比相应的比例阀和伺服阀好。最后，增量式数字阀对阀体没有特别的要求，可以沿用现有比例阀或常规阀的阀体。由于增量式数字阀具有许多突出的优点，因此这类阀获得广泛的应用。

应根据实际使用要求的负载力矩、运行频率、控制精度等依据制造商的产品型录（或样本）及使用指南提供的运行参数和矩频特性二曲线选择合适的步进电动机型号及其配套的驱动电源。步进电动机在使用中应注意合理确定运行频率，否则将导致带载能力降低而产生丢步甚至停转现象，使步进电动机工作失常。

6.2.2.2　技术性能

增量式数字阀的静态特性（控制特性）曲线如图 6-14 所示，其中图 6-14
（c）是方向流量阀特性曲线，方向流量阀实际由两只数字阀组成。由图 6-14 同
样可得到阀的死区、线性度、滞环及额定值等静态指标。选用步距角较小的步进
电机或采取分频等措施可提高阀的分辨率，从而提高阀的控制精度。

增量式数字阀的动态特性与输入信号的控制规律密切相关。增量式数字压力
阀的阶跃特性曲线如图 6-15 所示，可见用程序优化控制时可得到良好的动态
性能。

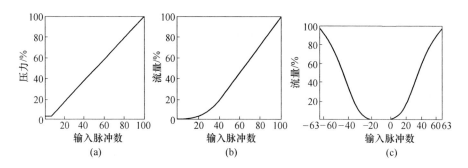

图 6-14　增量式数字阀的静态特性曲线

（a）压力阀特性曲线；（b）流量阀特性曲线；（c）方向流量阀特性曲线

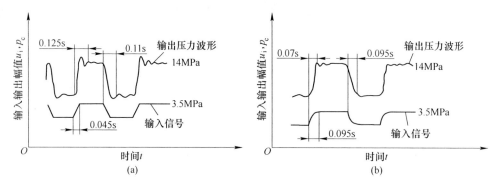

图 6-15　增量式数字压力阀的阶跃性特性曲线

（a）接触控制；（b）程序控制

6.2.3　高速开关式数字阀

高速开关阀具有结构简单、成本低、抗污染能力强、工作稳定可靠、能耗
低、响应快等优点，尤其是其与微机接口方便，可以使用计算机进行连续控制，
这使得系统的性能和控制水平得到极大提高。

6.2.3.1 控制原理

高速开关元件 PWM（脉宽调制式）控制的思想源于电机的 PWM 控制，即通过改变占空比，使一个周期时间内输出的平均值与相应时刻采样得到的信号成比例。如果周期是固定不变的，可通过改变导通时间来改变占空比的控制方式。

在流体动力系统中，通过控制开关阀的通断时间比，可以获得在某一段时间内流量的平均值，进而实现对下一级执行机构的控制。脉宽调制信号是具有恒频率、不同开启时间 t 比率的信号，如图 6-16 所示，脉宽时间 t_0 对采样周期 T 的比值 t_p/T 为脉宽占空比，用它来表征采样周期的幅值。用脉宽信号对连续信号进行调制，可将图 6-16 中的连续信号调制成脉宽信号。此处调制的对象是流量，每个采样周期的

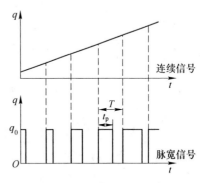

图 6-16 信号的脉宽调制

平均流量为 q，与连续信号处的流量相对应，下式为调制对象的额定流量；

$$q = q_n t_p/T$$

脉宽调制（PWM）型高速数字开关阀的控制系统工作原理如图 6-17 所示。由微型计算机产生脉宽调制的脉冲序列，经脉宽调制放大器放大后驱动数字阀，即高速开关阀，控制流量或压力。由于作用于阀上的信号是一系列脉冲，所以高速开关阀也只有与之对应的快速切换的"开"和"关"两种状态，且以打开时间的长短来控制流量。在闭环系统中，由传感器检测输出信号反馈到计算机中形成闭环控制。如果信号是确定的周期信号或其他给定信号，可预先编程存在计算机内，由计算机完成信号发生功能。如果信号是随机信号，则信号源经 A/D 转换后输入计算机内，由计算机完成脉宽调制后输出。在需要做两个方向运动的系统中，要用两个数字阀分别控制不同方向的运动。与增量式数字阀控制系统相同，该系统的性能与计算机、放大器、数字阀有关，三者相互关联，使用时必须有这些配套的装置。

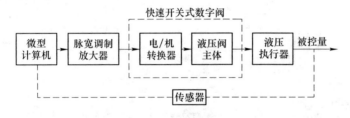

图 6-17 脉宽调制型高速数字开关阀控制系统工作原理

此种控制方式具有不堵塞、抗污染能力强及结构简单的优点。系统可以是开环控制，也可以进行闭环控制。开环控制不存在稳定性问题，控制比较简单。闭环控制精度较高，但控制比较复杂，传感器及 A/D 转换器等价格比较昂贵。而且其应用范围受以下缺点限制：

（1）由于高速开关阀的 PWM 控制最终表现为一种机械信号的调制，噪声大，易于产生压力脉动和冲击，影响元件自身和系统的寿命及工作可靠性。

（2）控制特性受机械调制频率不易提高。

6.2.3.2 技术性能

脉宽调制式数字阀的静态特性（控制特性）曲线如图 6-18 所示。由图可见，控制信号太小时不足以驱动阀芯，太大时又使阀始终处于吸合状态，从而有起始脉宽和终止脉宽限制。起始脉宽对应死区，终止脉宽对应饱和区，两者决定了数字阀实际的工作区域；必要时可以用控制软件或放大器的硬件结构消除死区或饱和区。当采样周期较小时，最大可控流量也小，相当于分辨率提高。

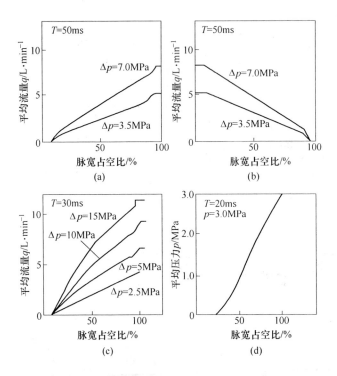

图 6-18　脉宽调制式数字阀的静态特性曲线

（a）二位二通常闭型流量特性；（b）二位二通常开型流量特性；
（c）二位三通型流量特性；（d）二位三通型压力特性

脉宽调制式数字阀的动态特性可用它的切换时间来衡量。由于阀芯的位移较难测量，可用控制电流波形的转折点得到阀芯的切换时间。图 6-19 所示为脉宽调制式数字阀的响应曲线，其动态指标是最小开启时间和最小关闭时间。一般通过调整复位弹簧使两者相等。当阀芯完全开启或完全关闭时，电流波形产生一个拐点，由此可判定阀芯是否到达全开或全关位置，从而得到其切换时间。不同脉宽信号控制时，动态指标也不同。

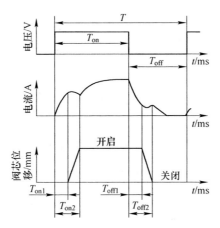

图 6-19　脉宽调制式数字阀的静态特性曲线

6.2.4　基于新型数字同步阀的液压同步系统

液压同步驱动因具有结构简单、组成方便、易于控制和适宜大功率场合等特点，在各类金属加工设备、工程机械和冶金机械等领域得到越来越广泛的应用，同步精度要求亦越来越高。就目前而言，影响同步精度的因素主要是所采用的液压同步控制元件和实现闭环控制的策略。

以新型数字同步阀为控制元件的立式双缸同步系统原理如图 6-20 所示（其中 5 为新型数字同步阀），该系统既可以实现无差同步（双缸位置误差为零），又可实现有差同步（双缸位置差为期望值）。两液压缸同步性能很好，具有良好的跟踪性能，且过渡时间短。系统对双缸负载不均衡（偏载）造成的同步误差具有较强的抑制作用。

基于数字同步阀的液压同步系统，能有效消除制造误差、液压系统泄漏、外干扰等因素造成的同步误差，能有效抑制偏载对同步精度的影响，具有良好的设定值跟踪特性和干扰抑制特性。

6.2.5　数字阀在万能材料试验机中的应用

新型试验机采用数字电液伺服控制技术、全数字多通道闭环测控系统等，解

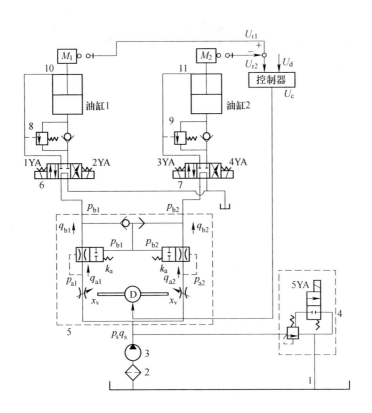

图 6-20　立式双缸同步系统原理

L—油箱；2—过滤器；3—泵；4—电磁溢流阀；5—新型数字同步阀；
6，7—换向阀；8，9—背压阀；10，11—液压缸

决了诸多技术难题。

6.2.5.1　主机功能原理

试验机采用油缸下置式结构，试验空间电动调整、试样装夹采用对夹式液压自动夹紧装置，由立柱卡箍式结构调整主机高度及试验空间，试台下面安装有高精度载荷传感器和位移传感器，载荷传感器与活塞深置调心装置相连接，下横梁、丝杠与安装有油缸的底座形成一个刚性体，实现试验空间的调整。试验机主机的上横梁立柱、试台、传感器与调节装置形成另一个刚性体，在试验时，上下钳口夹持住试样，上横梁通过活塞向上运动，完成对试样的加载。这时，采用变流量技术通过 PID 伺服控制技术调节进入油缸内液压油流量，控制活塞的移动速度。根据材料试验要求，可实现载荷控制、变形控制、位移控制和三种控制方式之间的无冲击转换。

6.2.5.2 数字电液伺服控制技术的功能特性

数字电液伺服控制系统应用最新研制的数字伺服阀和全数字多通道控制技术实现材料试验过程中的应力控制、应变控制、位移控制，并实现三种控制形式的无冲击转换。

电液数字伺服控制系统由 CTS-500 全数字多通道闭环测控系统和数字伺服阀构成，与比例阀和伺服阀的电液控制系统相比具有以下优越性。

（1）数字伺服阀较传统的比例阀或伺服阀精度更高。传统的比例阀或伺服阀可以看成是单级控制，数字阀的分级控制是这种单级特性的多次重复，这使得对控制阀乃至系统性能产生不利影响的非线性指标，如滞环、饱和及分辨率等非线性因素被限制在很小的范围内，如图 6-21（a）所示的比例阀（伺服阀）和图 6-21（b）所示的数字阀（分级数 8）的输入输出特性对照。

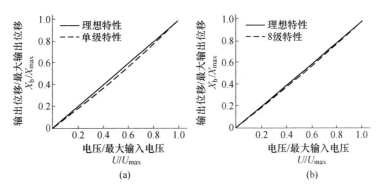

图 6-21 比例阀/伺服阀（单级）和数字伺服阀（8 级）输入-输出特性
(a) 比例阀；(b) 数字阀

（2）响应速度快（特别是零位附近），数字伺服阀选用小型步进电机，其固有频率在 200~400Hz。

（3）数字伺服阀通过一套机械转换机构驱动阀芯动作，该机构同时起到力（力矩）放大作用，可对阀芯产生较大的推动力（力矩），增加阀芯动作的可靠性。以万能试验机 10 通径的直动数字阀为例，折算的步进电机对阀芯的最大推力达 1000N。

（4）在步进电机的跟踪控制过程中，控制器还对步进电机施加"数字碎片信号"，该信号频率可自动变化，从而更有效地消除阀芯卡紧力并保证数字阀具有高分辨率。

（5）采用电液数字阀和直接数字控制技术，系统工作具有很高的可靠性和环境稳定性。

（6）系统采用载荷敏感技术，泵的出口压力与载荷压力差始终保持在 1MPa

左右，系统效率高，发热量小，无须加任何冷却器。

（7）系统工作可靠，抗污染能力强，无须专门过滤器，维护简单。

（8）自带安全阀，确保系统工作过程中不超载。

（9）整个系统测量和控制精度高。

6.3　水压控制技术

近年来，随着人们对生态环境保护、安全生产及节约能源的日益重视，水压技术成为国际液压界和工程界普遍关注的热点，在诸如食品、饮料、医药、电子、包装等对环境污染要求严格的领域，冶金、热轧、铸造等高温明火场合及煤矿井下等易燃易爆环境得到广泛应用。随着人类社会的进步和科学技术的发展，环境、资源和人口问题越来越为人们所关注。ISO 14000 国际环境管理体系标准和 ISO 16000 国际劳动安全保护管理体系标准的实施，推动了绿色制造的迅速发展，节省能源、节约资源、注重环境保护和劳动保护的绿色制造已成为现代机械工程发展的首要目标。从全生命周期的角度综合考虑，水压传动的能源、资源、物力及财力消耗要远远低于油压传动和其他介质液压传动，绿色产品特征明显，是理想的"绿色"技术和安全技术。

目前，国内水压技术研究主要集中在"流体传动及控制"技术的"传动"领域，如能量转换元件（如水压泵、马达等）和普通控制元件（如压力阀和流量阀等）的研制开发，而对水压控制技术的研究还不多。国外普通水压元器件已商品化，很多机构在此基础上开展了水压控制技术的研究，并将其应用于移动机械、机器人等领域。

6.3.1　水压控制系统的特点

水介质（包括海水和淡水）与矿物油的理化性能有较大的差异，见表 6-2，这些差异会给水压控制系统的性能带来什么影响？下面以一个三位四通伺服阀控制对称缸的系统为例进行简要分析。系统的主要结构尺寸如图 6-22 所示，其中 $A = 4.9 \times 10^{-4} m^2$，$L_1 + L_2 = 1m$，$V_t/2 = 2.5 \times 10^{-5} m^3$，$m = 220 kg$。

表 6-2　几种液压介质的理化性能

项　　目	矿物油	水	海水
密度（15℃时）/g · cm⁻³	0.87~0.9	1	1.025
运动黏度（50℃时）/mm² · s⁻¹	15~70	0.55	约 0.6
蒸汽压（50℃时）/kPa	1.0×10^{-6}	12	12.2
体积弹性模量/N · m⁻²	$(1.4~2.1) \times 10^9$	2.1×10^9	2.13×10^9
热膨胀系数（40℃时）/℃⁻¹	7.2×10^{-4}	3.85×10^{-4}	4.08×10^{-4}

项　目	矿物油	水	海水
导热系数（20℃时)/W·(m·℃)⁻¹	$0.11 \sim 0.14$	0.598	0.56
比热（20℃时)/kJ·(kg·℃)⁻¹	1.89	4.18	4.0
声速（20℃时)/m·s⁻¹	1300	1480	1522

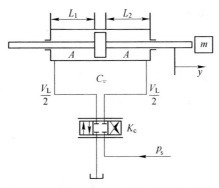

图 6-22　三位四通伺服阀控制对称缸系统

　　流体特性对伺服系统性能的影响可以粗略地用一个如图 6-23 所示的线性模型来表征。系统采用了前置微分控制的控制策略。模型中没有包括伺服阀的动态特性对系统的影响。其中，最重要的系统参数有固有频率 ω_h 、阻尼系数 δ_h 及开环增益系数 K 。接下来将对这些参数对系统特性的影响进行详细的研究分析。

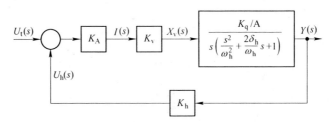

图 6-23　位置伺服系统的线性模型

6.3.1.1　固有频率

　　当用三位四通伺服阀控制对称缸时，位置伺服系统的液压刚度可以通过式 (6-4) 计算获得：

$$k_h = \frac{A^2 B}{AL_1 + \frac{1}{2}V_L} + \frac{A^2 B}{AL_2 + \frac{1}{2}V_L} \tag{6-4}$$

固有频率计算公式为：

$$\omega_{\mathrm{h}} = \sqrt{\frac{k_{\mathrm{h}}}{m}} \tag{6-5}$$

等效体积模量 B 一般可以通过式（6-6）计算得出：

$$\frac{1}{B} = \frac{1}{B_{\mathrm{f}}} + K \tag{6-6}$$

等效体积模量通常受执行元件和管道体积模量、流体介质体积模量及系统中混入空气的量的影响。式（6-6）中，K 为除流体介质外的其他结构因素的可压缩性。自来水的体积模量约为 2100MPa，矿物质油的体积模量约为 1500MPa。可以看出，水要比油的弹性模量大，因此水的液压弹簧刚度较油的大。同时温度和压力分别对水和油的体积模量的影响也不一样。一般来说，设计油压位置伺服系统时取体积弹性模量为 1000MPa 比较适宜。

将油压系统参数 $B_{\mathrm{f}} = 1500\mathrm{MPa}$ 和 $B = 1000\mathrm{MPa}$ 代入式（6-6），可以解得 $K = 3.3 \times 10^{-4}\mathrm{MPa}^{-1}$。考虑在水介质系统中 K 取同样的值时，便可以对水和油的等效体积模量做对比。当式（6-6）中 $B_{\mathrm{f}} = 2100\mathrm{MPa}$ 时，可以计算得出 $B = 1235\mathrm{MPa}$。计算过程说明，尽管不同流体介质的体积弹性模量的取值差异超过 50%，但是等效体积模量的差异仅在 25% 左右。

沿用上述计算结果，通过式（6-4）和式（6-5）可以获得系统的固有频率曲线。同一位置伺服系统分别采用油介质和水介质的不同固有频率曲线如图 6-24 所示。

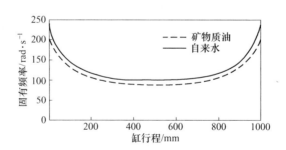

图 6-24   油介质和水介质系统的固有频率

从图 6-24 可以看出，两者固有频率的最小值均出现在行程 0.5m 处。油压系统的最小值为 90rad/s，而水压系统的最小值为 100rad/s，即水压系统的固有频率比油压系统高出 10rad/s，并且这个差异仅仅是由不同流体的不同可压缩性造成的。其他能造成两者差异的因素还有不同结构材料造成的不同的结构刚度，以及混入并溶解于系统中的空气的量。在大型液压系统中，当流体质量效应不能够忽略时，密度对等效固有频率的值也有影响，水的密度大系统的固有频率小。

6.3.1.2 阻尼系数

在阀控缸系统中，系统阻尼一般很小，取值通常为 0.05 ~ 0.30。伺服系统的阻尼系数可以通过式（6-7）计算获得：

$$\delta_h = \frac{1}{2}\omega_h \left[\frac{m(K_c + C_v)}{A^2} + \frac{bV_0}{2BA^2} \right] \tag{6-7}$$

假设 K_c 和 C_v 的取值分别为 $K_c = 0$、$C_v = 0$，通过式（6-7）计算得油压系统和水压系统的阻尼系数分别为 $\delta_{h(oil)} = 0.17$、$\delta_{h(w)} = 0.15$。由计算结果可以看出，当仅考虑可压缩性的影响时，水压系统的阻尼系数值一般会较油压低 10% ~ 15%。

前面有关阻尼系数的研究基于仅考虑体积模量的影响。实际的阻尼系数同时还受到泄漏系数 C_v、阀流量压力系数 K_c 以及黏滞摩擦系数 b 的影响。这些参数的取值在水压和油压系统中也有很大的区别。阀的流量压力系数 K_c 几乎完全取决于阀的类型。由于水的黏度较小，水压阀的流量压力系数值 K_c 会较小。假设水的 K_c 较小，进而其阻尼系数值也较小。

泄漏系数 C_v 对系统的阻尼也有一定影响。与油相比，水的黏度小，液压缸泄漏量大，因此水压系统的泄漏系数较大。当然，设计水液压伺服缸时必须保证有较大的密封区域及尽可能小的间隙。

黏滞摩擦系数 b 同样在水压和油压系统中有不同的取值。由于水介质的黏度远小于油的，水压系统的黏滞摩擦系数 b 取值明显较小。实际黏滞摩擦值很难通过测量获得。

6.3.1.3 开环增益系数

伺服系统临界开环增益系数可以表示为：

$$K_{cr} = 2\delta_h \omega_h \tag{6-8}$$

如果增益大于临界增益，系统会变得不稳定。尽管水压系统和油压系统的固有频率和阻尼系数均不相同，在仅考虑可压缩性的影响时，两种系统的临界开环增益系数却是一样的。根据前文中的分析，可以计算得到临界增益系数值 $K_{cr} = 30$。

总的来说，如果只考虑介质可压缩性的影响，那么研究水压和油压位置伺服系统之间的差异并没有多大意义。根据介质的体积弹性模量的不同，可以很容易推导出水压系统的响应速度要比油压系统快得多。然而，其他结构刚度参数对等效体积模量的影响也有较大的影响，以致在系统的整体特性中上述差异值的作用被抵消或削弱了。在获得上述结果时须谨记，所有研究分析都是建立在只考虑线性模型中的可压缩性的影响的基础上的，且研究的目的只是为了获取不同系统间差异作用影响的机理。在实际应用中，不同的阀的特性、液压缸的特性，以及其他所有存在非线性的元件结构的特性等对系统的整体性能都有强烈的影响。

6.3.2 水压比例/伺服控制元件

目前，水压比例/伺服控制元件的类型、种类和性能方面同油压控制元件相比均有很大的差距。下面介绍的大多数比例/伺服控制阀并没有商品化，而只是处于科研成果或样机阶段。

6.3.2.1 水压比例控制阀

图 6-25 所示为 Danfoss 公司生产的比例流量控制阀及其流量压力特性，该阀液压部分为一带有压力补偿功能的调速阀，可由计算机或 PLC 控制，其最大流量为 30L/min，最大压力为 14MPa，最小压力为 1.5MPa，滞环小于 8%，响应时间小于 150ms，功率为 12W。

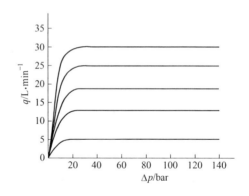

图 6-25　Danfoss 公司 VOH30PE 型比例流量控制阀及其流量压力特性

为了适应水介质黏度低、泄漏量大的特点，德国 Hauhinco 公司研制的二位二通（见图 6-26）水压比例流量控制阀采取球阀形式，并用在位置控制系统中。球阀的优点是泄漏量小、动作可靠，球体可以用不锈钢或陶瓷材料，制造起来相对容易；其缺点是线性度差，滞环和死区较大。该阀的开启和关闭时间为 60~80ms，工作极限频率比伺服阀低得多。该阀可用水、难燃液（如 HFA、HFB 和 HFC 等）或矿物油为工作介质，过滤精度只需 25μm^{-1}，最大流量为 60L/min，最高工作压力可达 32MPa。该阀单独使用时可用于系统旁路进行流量和压力调节；作为先导阀可以与主阀组合，用于执行元件的进出口压力、速度和位置的控制。

另外，Hauhinco 公司还研制出了以氧化锆（ZrO_2）做阀芯、以氧化铝

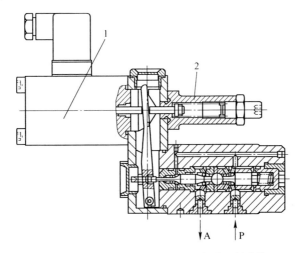

图 6-26 球阀式二位二通水压比例流量控制阀
1—比例电磁铁；2—调压弹簧

（Al_2O_3）做阀套的滑阀式比例控制阀，图 6-27 所示为其结构原理图，阀的最快响应时间为 30ms。

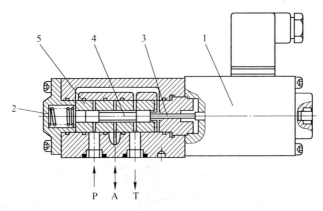

图 6-27 陶瓷滑阀式两位三通水压比例流量控制阀
1—比例电磁铁；2—复位弹簧；3—顶杆；4—阀芯；5—阀套

6.3.2.2 水压伺服阀

1992 年，日本 Ebara Research Co., Ltd. 和 URATA 等合作研制了水压伺服阀，采用静压支承以减小阀芯所受的摩擦力和卡紧力，避免了由于间隙过小导致的阀芯和阀套黏结；经过静压支承腔的压力水被引到喷嘴-挡板阀口，以减小流量损失。阀芯材料为陶瓷，阀套材料为不锈钢；额定压力为 14MPa，额定流量为 80L/min，响应频率达到油压伺服阀的水平。图 6-28 所示为其结构原理图。

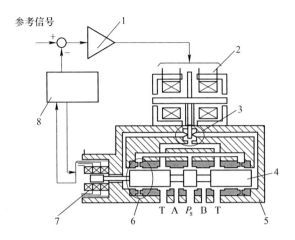

图 6-28　水压伺服阀

1—伺服放大器；2—力矩马达；3—喷嘴/挡板；4—阀芯；
5—阀体；6—静压支承；7—位移传感器；8—解调器

日本 Moo9 公司（Moog Japan Ltd.）研制开发了永磁直线力马达直接驱动的水压伺服控制阀，如图 6-29 所示。伺服阀由线性力马达、液压滑阀和位置传感器（LVDT）及放大器组成，通过脉宽调制（PWM）电流驱动，具有输出功率大、响应速度快等特点，阀的最大工作压力为 7MPa，额定流量为 24L/min，阀内泄漏量为 0.44L/min，滞环和零漂均小于 0.1%，动态响应频率为 92Hz。

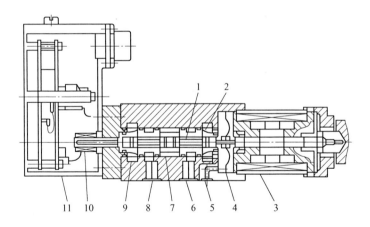

图 6-29　力马达驱动水压伺服控制阀

1—阀芯；2—阀套；3—力矩马达；4—薄膜；5—泄水口；6—A 口；
7—进水口；8—B 口；9—回水口；10—位移传感器；11—放大器

Ultra Hydraulics4658 伺服阀用不锈钢做阀芯，可以直接用水作为介质。Moog 公司的海水伺服阀专为以海水做介质而设计，结构形式与油压伺服阀相似，工作压力为 7MPa，死区小于 1%，滞环小于 5%，额定流量为 2~3L/min。

6.3.3　水压控制技术的应用

随着科技水平的提高，人类对海洋的开发也不断向深海迈进。进行深海调查、探测、海底勘查、海洋油气和矿产资源开发、海底打捞、救生及海军军事建设等均离不开现代化的水下作业设备。水下机械手是深海作业的关键设备。液压传动具有刚度大、结构紧凑、承载能力高、功率质量比大、响应速度快、远距离控制灵活等特点，是水下机械手的主要驱动方式。传统的液压系统以矿物油作为工作介质，存在着污染（工作介质与海洋环境不相容）、结构复杂（需要压力补偿、油箱和回油管等）、工作可靠性差（密封要求严格，海水侵入系统引起油液变质、元件腐蚀磨损加剧）等问题。同油压系统相比，海水液压系统具有下列十分突出的优越性。

（1）用海水作为工作介质以后，完全避免了使用矿物油时所带来的污染、易燃、工作场所肮脏等缺点，同时节省了购买、运输、储存液压油及废油处理所需的费用和麻烦，系统使用和维护方便，节省了水下机器人的运行成本。

（2）海水液压动力系统可设计成类似气压传动的开式系统，即动力源直接从海洋吸水，海水做功后又排回海洋。因此，可以省去油压系统中所必须具备的油箱、回油管。由于海水温度变化不大，系统不需冷却及加热器；由于水深压力自动补偿，不需要复杂的压力补偿装置。所以与油压系统相比，海水液压动力系统结构简单，质量减小，增加了水下机器人的作业灵活性和机动性。

（3）由于工作介质（海水）与环境相容，即使稍有泄漏也不会影响系统性能，使工作可靠性大大提高；由于系统内外均为海水，在水下可以方便地更换工具或进行简单的维修，简化了机械手与作业工具的对接密封装置。

所以，海水液压动力系统是深海作业装备的理想驱动系统。日本小松制作所（Komatsu Ltd.）研制了采用全海水进行润滑的、由海水液压驱动的水下作业机械手，机械手臂部自由度为 7 个，手部自由度为 11 个，最大作用范围为 1m，总质量为 18kg，可搬质量为 5kg。使用结果证明，位置控制精度比油压系统高。图 6-30 所示为该海水液压驱动水下机械手的样机构造，其各关节处的液压马达均是海水液压马达。

热核聚变研究始于 20 世纪 50 年代。热核反应堆是利用氢同位素氘和氚的原子核实现核聚变的反应堆。与目前核电站利用核裂变反应发电相比，用受控热核聚变的能量来发电具有能量释放大、实验资源丰富、成本低、安全可靠等优点。ITER（拉丁语"方法"的意思）是一个国际聚变研发项目，目标是把聚变能开发成一种安全、清洁和可持续的能源。ITER 国际聚变能组织是执行 ITER 的法定机构。ITER 国际合作始于 1987 年。目前，ITER 参与的有欧盟、俄罗斯、日本、

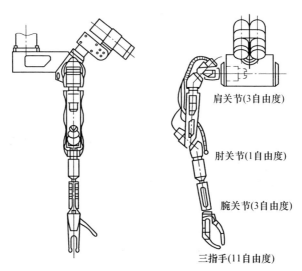

肩关节(3自由度)

肘关节(1自由度)

腕关节(3自由度)

三指手(11自由度)

图 6-30　海水液压驱动水下作业机械手

中国、韩国、印度和美国。中国于 2003 年 2 月 18 日正式加入该项计划。

　　芬兰 Lappeenranta 大学参与 ITER 项目，开展了焊接/切割机器人的研究。水压系统由于其清洁、环保、安全等突出优点被用于该机器人的动力驱动及控制。该机器人采用五自由度并联机器人结构，由 5 个水压缸作为线性执行元件进行驱动。水压控制系统组成如图 6-31 所示，包括液压缸、位置传感器、压力传感器和高性能伺服阀等。位置、速度和压力反馈的混合控制器用来提高控制精度；其

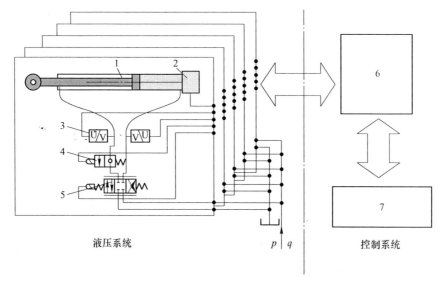

图 6-31　并联焊接/切割机器人水压控制系统
1—液压缸；2—编码器；3—压力传感器；4—锁紧阀；5—伺服阀；6—控制盒；7—计算机

中因为焊接力变化带来的低频振动通过在控制回路中采用压力反馈附加高通滤波器来修正。图 6-32 所示为该机器人的原理样机，试验表明，该机器人的工作范围如下：Z 轴为 300mm，X 轴和 Y 轴为 ±100mm，绕 X 轴和 Y 轴的转角为 ±20°，终端位置精度达到 ±0.05mm，重复精度达到 ±0.01mm。

图 6-32　水压驱动并联焊接/切割机器人样机

6.4　电/磁流变控制技术

某些流体由于既具有流体的流动特性，又具有常规流体所不具备的某些特殊功能而被称为功能流体。电流变流体和磁流变流体即是两种类型的功能流体。

6.4.1　电/磁流变流体的特征

6.4.1.1　电流变流体

电流变流体（electro-rheological fluid，ERF）是指在绝缘的连续相液体介质中加入精细的固体颗粒形成的悬浊液。液体介质是不导电的油，如矿物油、硅（氧）油或液状石蜡等；而悬浮在油中的颗粒，包括不导电的无机材料（如陶瓷、玻璃和聚合物等）、不导电的有机材料（如淀粉、纤维等），其尺寸范围为 1~100μm。流体中的粒子占流体总体积的 10%~40%。电流变流体的显著特征是具有电流变效应，即在电场的作用下，电流变流体的表观黏度（或流动阻力）可发生明显的变化，甚至在电场强度达到某一临界值时，液体停止流动而达到固化，并且具有明显的抗剪切屈服强度，即由流体的属性转变为一种具有固体属性的物体，当电压取消后，又恢复其液体状态，而且这种变化是可逆的。电流变效应的响应十分灵敏，一般其响应时间为毫秒级。

关于电流变效应的机理至今还没有一个十分明确、统一的观点。但普遍认为，电流变效应的产生是由于悬浮液中固体粒子在电场诱导下极化，这种极化有多种形式并有不同的理论解释。最常用的理论有分子极化与最低能态理论和双电层极化理论。

分子极化与最低能态理论认为，分散相中的粒子通常呈中性，杂乱地分布在基础液中。外加电场后，粒子发生极化而产生偶极矩。由于物质总是以能量最低态势为其稳定状态，这种状态便是极化粒子沿电场方向排列，且粒子间距离最短，形成连接两极的链。这使液体在垂直于电场方向的流动，不仅受到分子摩擦力，而且受到粒子链的阻力和链粒子之间的静电引力，从而使整体流动阻力增大。当粒子间的作用力在电场作用下增大，形成密集的网状结构时，便像海绵吸水一样，使液体停止流动或固化。双电层极化理论认为，由于电离或离子吸附等原因，分散相粒子的表面带电，吸附基础液中的异性剩余电荷；但热运动使带电粒子不能将异性电荷吸附在一起，这样，分散相中的带电粒子和其异性电荷便形成一种双电层结构，外加电场后，双电层相互之间产生静电引力，使流动阻力增大。从而产生电流变效应。

6.4.1.2　磁流变流体

磁流变流体（magnerto—rheological fluid，MRF）是一种将饱和磁感应强度很高而磁顽力很小的优质软磁材料均匀分布在不导磁的基液中所制成的悬浊液。磁流变流体与电流变流体特性相似，在没有外界磁场时，特性与牛顿流体相似；而在外界磁场作用下，其表观黏度和流动阻力会随外界磁场强度的变化而变化。当外加磁场超过一临界值后，磁流变流体会在几个毫秒内从液体变为接近固体状态，而当外界磁场消失后，又迅速恢复为原来的状态。一般认为，当无磁场作用时，磁性粒子悬浮在母液中，在空间随机分布；而施加作用场后，粒子表面出现极化现象，形成偶极子。偶极子在作用场中克服热运动作用而沿磁场方向结成链状结构。一条极化链中各相邻粒子间的吸引力随外加磁场强度增大而增大，当磁场增至一临界值，偶极子相互作用超过热运动，则粒子热运动受缚，此时流变体呈现固体特性，磁流变流体的固态和液态两相转变过程是可逆的，能通过磁场的改变而平稳快速地完成。

电流变流体与磁流变流体相比，尽管原理与物理性能相似，但是在某些方面还是具有显著的差异见表 6-3，主要表现在以下几个方面。

表 6-3　电流变和磁流变流体典型的物理和化学性质

流体性质	电流变流体	磁流变流体
电压	5~10kV	由磁路设计确定，一般采用直流安全电压

流体性质	电流变流体	磁流变流体
屈服强度	2~5kPa（3~5kV/mm）受击穿电压限制	50~100kPa（150~250kA/m），受磁场饱和强度限制
黏度（不加外场）	0.2~0.3Pa，25℃	0.2~0.3Pa，25℃
最大能量密度	~103J/m^3	~105J/m^3
工作温度范围	-25~125℃	-40~150℃
电流密度	2~15mA/m^2（4km/mm，25℃）	可以用永久磁铁加磁场
比重	1~2.5	3~4
辅助材料	任何材料（电极的传导表面）	铁/钢
装置结构	简单	复杂
颜色	任何颜色，不透明或透明色	深灰色、桔色、棕色、黑色/不透明
响应时间	毫秒，准确时间取决于装置设计	毫秒，准确时间取决于装置设计
微粒尺寸	一般为微米级	一般为微米级

（1）屈服强度。磁流变流体的屈服强度明显大于相应的电流变流体。磁流变流体在磁场的作用下，很容易获得80kPa以上的屈服强度，而电流变流体的屈服强度不超过20kPa。

（2）温度范围。磁流变流体的工作温度范围比电流变流体宽。

（3）工作电压。一般电流变流体设备都需要几千伏的供电电压才能产生足够的屈服强度，而磁流变流体设备只需要几十伏的供电电压即可达到足够的屈服强度。

（4）与电流变流体不同，磁流变流体不受在制造和应用中通常存在的化学杂质的影响；另外，原材料无毒、环境安全，与多数设备兼容。通常流动情况下，磁流变流体会发生微粒子/载体容积分离，低剪切搅拌可很容易使粒子重新分散，消除分层。

但是，电流变流体更便于商业利用和在实验室制造。基于电流变流体的装置比基于磁流变流体的装置易于设计与制造。虽然电流变和磁流变流体的响应时间一般取决于装置设计，但在同样的条件下，电流变流体响应时间比磁流变流体快。

另外，日本东京工业大学正在研究一种新的功能流体——电场共轭流体（electro-conjugate fluid，ECF）及其应用，该流体是一种绝缘流体，在一定的静态电场中，可以在柱状电极之间产生射流，因此这种流体可以直接将电能转化为机械能。利用ECF射流产生的反推力，可以研制微型马达。

6.4.2 电/磁流变流体的工作模式

目前，电流和磁流变流体在工程上的研究和应用领域涉及机械工业、地震工程、船舶、汽车、航空航天、机器人、医学、海洋工程等。利用电流和磁流变流体制成的各种工程应用装置，有的已在工程和实验中发挥了重要作用，这些应用包括阻尼器、旋转刹车、离合器、液压阀、汽车减震器、抛光装置、人造假肢等。按工作模式不同，归纳起来可分为如下四种类型。

（1）第一类为节流型，它是工程上应用最多的形式之一。如图 6-33 所示，其工作原理是在阻尼缸两端压差的作用下，迫使电流或磁流变流体流过间隙或阀，产生流动阻力，阻力的大小除与间隙或阀的节流装置的形状和尺寸有关外，还与电流和磁流变流体的黏度有关。在同样尺寸的间隙和边界条件下，电流和磁流变流体的黏度越大，产生的阻尼力越大。而流过间隙的流体黏度是受电场或磁场控制的，施加不同方向和不同强度的电场或磁场，就会产生不同大小的阻尼力。这种阻尼力的变化范围是由电流或磁流变流体的黏度变化范围决定的。黏度变化范围越大，阻尼力的变化范围也越大，阻尼器适用的工作额率范围也越宽。

（2）第二类为剪切型，剪切型不像节流型那样是靠压差迫使流体运动，产生阻力，而是靠流体与固体壁面之间的黏滞力和流体层之间相对运动时产生的内摩擦阻力，如图 6-34 所示的旋转式离合器。当输入转子以角速度 ω 旋转时，通过间隙内的电流或磁流变流体将输入轴转速和转矩传递给输出轴转子，从而使输出转子随输入转子一起转动。在间隙形状、结构尺寸一定的条件下，输入转子传递给输出转子的转矩主要取决于电流或磁流变流体外加的电场或磁场产生的摩擦转矩的大小。当不施加电场或磁场到间隙上的流体时，这时产生的黏性摩擦转矩很小，不足以驱动输出转子转动。当施加电场或磁场到间隙上的电流或磁流变流

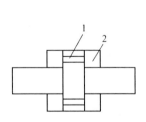

图 6-33 双杆内置节流装置
1—阀口或节流口；2—电流
或磁流变流体

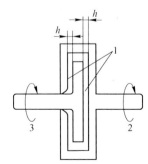

图 6-34 单盘型电流或磁流
变流体离合器
1—电流或磁流变流体；2—输入转子；
3—输出转子

体上时，流体的黏性增加，产生的摩擦转矩增大，足以驱动输出转子带动负载一起转动。这种离合器的优点是可以得到连续的、可变的输出转矩，动力消耗少、操纵方便、效率高。

（3）第三类为挤压型，在此模式下，电/磁极在与电磁场几乎平行的方向上移动，流变流体处于交替拉伸、压缩的状态，并发生剪切，虽然电/磁极的位移量很小（几毫米以下），但产生的阻力却很大。此时，电/磁极处于一种振荡状态。工程上常利用黏性液体在刚性箱中的振荡特性来吸收和消散由于风、地震、交通载荷等扰动产生的结构振动能量，保证高楼、电视塔、飞行装置的安全。为了提高这种阻尼装置的减振性能，人们对阻尼装置采用了各种改进措施，采用不同形状，如矩形、柱形、椭圆形和环形的液箱，底面带有斜坡的液箱，或者提高液箱底面的粗糙度，在液箱的侧壁面上安装垂直障碍等，来增加扰动，使液体产生紊流，提高阻尼比和能量耗散作用；也可采用高黏度的液体，如浓泥浆等，来达到同样的效果。上述这些措施在给定的设计条件下，虽然都能收到很好的效果，但一旦振动条件和振动频率发生改变，就会使减振效果变差。因为一般流体的振荡频率是不能改变的，它是由液箱尺寸和液体的黏度等决定的。如果应用电流和磁流变流体，上述问题就迎刃而解了。因为可以利用电流变流体和磁流变流体的黏度可控性改变阻尼装置的频率范围和阻尼力大小。

另外，由于电流或磁流变流体的黏度比普通流体的黏度大十几倍；所以同样的条件也比普通流体的阻尼力大，并且可以变被动控制为半主动控制。

（4）第四类为开关型，所谓开关型，顾名思义，是它在管路中起着阻断或接通管路流动的作用。置于管道中的液体，在压差作用下，能否产生流动取决于液体黏性阻力与压差阻力的关系。如果黏性阻力大于压差阻力，液体就不会产生流动；反之，必将产生流动。根据这样的原理，电流或磁流变流体装置或许将在医学领域获得应用。如为了切断人体血管向肿瘤供应血液，在肿瘤附近的血管注入磁流变流体，然后给这部分磁流变流体施加磁场，当施加磁场后产生的黏性阻力大于血管压差阻力时，这时的磁流变流体就相当于一个"开关"或"堵塞"，封住了血液流动。使供向肿瘤的血液中断，从而使肿瘤得到控制。

6.4.3 电/磁流变流体液压阀及系统

由于磁流变流体本身是一种流体，因此可以把磁流变流体作为流体传动系统的一种工作介质。同时，由于磁流变流体又具有某些特殊性能，因此可以在传统流体传动系统的基础上实现某种特殊的控制功能。近年来，随着磁流变流体研究的发展，出现了各种新原理的磁流变流体液压元件和系统，如无动作部件的液压阀及微型流控系统等。这些元件和系统，由于取消了动作部件，因此结构简单、使用寿命长、响应速度快。

6.4.3.1　磁流变流体溢流阀

一种以磁流变流体为工作介质的液压阀的结构简图如图 6-35 所示。该阀为溢流阀，由阀芯、阀体、端盖、导磁体及控制线圈组成，其中导磁体和阀体均采用磁导率较大的材料，两个导磁体和阀芯之间的径向间隙为工作气隙。当控制线圈通电时，在阀体、导磁体及阀芯之间形成闭合的磁回路，工作气隙中产生较大的磁场，流过工作气隙的磁流变流体在磁场作用下发生流变，产生较大的流动阻力。因此只有在溢流阀的入口施加一定的压力，工作气隙中的磁流变流体才能继续流动。

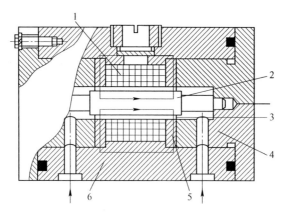

图 6-35　磁流变流体溢流阀结构原理图

1—控制线圈；2—阀芯；3—工作气隙；4—端盖；5—导磁体；6—阀体

图 6-35 中磁流变流体溢流阀的工作原理为：当控制线圈通电时，工作气隙中有磁场作用，此时如果溢流阀进口压力小于调定压力，也就是小于磁流变流体的屈服强度所对应的压力，则磁流变流体不流动，溢流阀关闭；而如果溢流阀进口压力大于调定压力，也就是该压力能够克服磁流变流体的屈服应力时，磁流变流体沿流道流回油箱，溢流阀开启；如果控制线圈不通电，则工作气隙中无磁场作用，此时溢流阀相当于一个通道，磁流变流体可通过溢流阀的工作气隙直接流回油箱。上述磁流变流体溢流阀工作原理表明，溢流阀的开启和关闭不是通过阀芯的动作来实现的，而是通过控制线圈的通电和断电来实现的。因此，该阀无动作部件，调定压力可通过调节控制线圈的输入电压来实现无级调节，与传统溢流阀相比，结构简单、无磨损、使用寿命、自动化程度高。

6.4.3.2　电流变流体微型控制阀及系统

日本许多大学都在进行功能流体的研究。如图 6-36 所示为东京工业大学研制的微型电流变流量控制阀，其功能相当于一个三通阀，鸡冠状的之字形流道采用电火花放电腐蚀成形，流道外侧电极为高压电极，内侧为接地电极。在最大电场强度为 5kV/mm，压力源压力为 0.4MPa 的情况下，该阀能产生的负载压力为 0.2MPa。

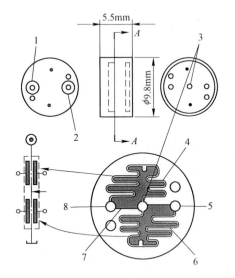

图 6-36 微型电流变流量控制阀

1, 8—供流口；2, 5—回流口；3—控制口；4—电扳；

6—电极；7—绝缘体

图 6-37 所示为应用该电流变流量控制阀驱动的微型管道机器人，包括 3 个微型电流变流量控制阀和 5 个波纹管作动器。其中纵向布置的两套波纹管作动器与人的四肢功能相似，在管道中运动时，交替夹紧管壁，起定位作用；而横向布置的波纹管作动器通过不断扩展和收缩实现机器人的爬行动作。

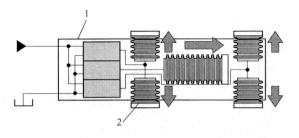

图 6-37 电流变流量控制阀驱动的微型管道机器人

1—管道微型移动机器人；2—波纹管作动器

参 考 文 献

[1] 刘作凯，韦建军．伺服阀控液压缸对液压系统动态特性影响的仿真研究 [J]．现代制造工程，2018（2）．

[2] 刘国文，金亮亮，路瑶，等．电液比例换向阀的发展概况及前景展望 [J]．液压气动与密封，2018（3）．

[3] 付兴鹏，朱珈锐，王常明．机电一体化技术的应用及发展趋势 [J]．南方农机，2017（4）．

[4] 陈蓉，苗喜荣，庄瑞莲．现代工程机械机电液一体化应用技术 [J]．江苏科技信息，2016（7）．

[5] 杨保香．液压比例控制阀性能改进分析与研究 [J]．液压气动与密封，2017（4）．

[6] 张文亭．阀控液压缸力控制的研究 [J]．机械制造与自动化，2017（2）．

[7] 郑恒．智能控制技术在机电一体化系统中的应用 [J]．科技与创新，2016（6）．

[8] 袁士奇，李建．液压设备油质污染的危害及成因分 [J]．河南水利与南水北调，2017（10）．

[9] 杨征瑞，花克勤，徐铁．电液比例与伺服控制 [M]．北京：冶金工业出版社，2009．

[10] 曹树平，刘银水，罗小辉．电液控制技术 [M]．武汉：华中科技大学出版社，2014．

[11] 黄志坚．电液比例控制技术及应用实例 [M]．北京：化学工业出版社，2015．

[12] 许益民．电液比例控制系统分析与设计 [M]．北京：机械工业出版社，2005．

[13] 王春行．液压控制系统 [M]．北京：机械工业出版社，1999．

[14] 袁帮谊．电液比例控制与电液伺服控制技术 [M]．合肥：中国科学技术大学出版社，2014．

[15] 张利平．液压控制系统设计与使用 [M]．北京：化学工业出版社，2013．

[16] 黎泽伦，周传德．机电液一体化系统设计 [M]．北京：石油工业出版社，2014．

[17] 宋锦春．电液比例控制技术 [M]．北京：冶金工业出版社，2014．

[18] 杨逢瑜．电液伺服与电液比例控制技术 [M]．北京：清华大学出版社，2009．

[19] 周士昌．液压系统设计图集 [M]．北京：机械工业出版社，2009．

[20] 吴振顺．液压控制系统 [M]．北京：高等教育出版社，2008．

[21] 田源道．电液伺服技术 [M]．北京：航空工业出版社，2008．

[22] 路甬祥．液压气动技术手册 [M]．北京：机械工业出版社，2005．

[23] 关景泰．机电液控制技术 [M]．上海：同济大学出版社，2003．

[24] 李春雨．机电一体化技术的应用与发展 [J]．工程技术研究，2016（7）．

[25] 韦江波．电液伺服阀的空载及动载响应性能研究 [J]．机床与液压，2015（20）．

[26] 王晓红，李秋茜，闫玉洁．电液伺服阀污染磨损加速退化试验设计 [J]．机床与液压，2014（13）．

[27] 宋云艳．双液压缸同步精确控制技术研究 [J]．制造业自动化，2014（14）．

[28] 方锦辉，孔晓武，魏建华．伺服比例阀的非线性建模与实验验证 [J]．浙江大学学报（工学版），2014（5）．

[29] 王军政，赵江波，汪首坤. 电液伺服技术的发展与展望 [J]. 液压与气动，2014（5）.

[30] 宋锦春，陈建文. 液压伺服与比例控制 [M]. 北京：高等教育出版社，2013.

[31] 王有力. 液压设备的故障诊断方法探讨 [J]. 科技创新与应用，2013（19）.

[32] 李伟业. 电液伺服阀在液压系统中的故障诊断及分析 [J]. 液压气动与密封，2013（5）.

[33] 孙超. 液压设备的噪声分析与控制措施的研究 [J]. 辽宁高职学报，2013（10）.

[34] 易建钢. 新型电液比例阀的计算机性能测试方法及其实现 [J]. 机床与液压，2013（7）.

[35] 沈红. 工厂液压系统的噪声分析及降噪方法 [J]. 科协论坛（下半月），2013（4）.

[36] 陈斌，杨安平. 电液比例阀控制系统的研究设计 [J]. 微型机与应用，2012（7）.

[37] 徐海枝. 浅谈现代液压控制技术的特点及应用 [J]. 装备制造技术，2012（7）.

[38] 常钰，冯永保. 液压气动与密封 [J]. 液压气动与密封，2011（8）.

[39] 刘保杰，强宝民，权辉. 电液比例位置控制系统建模与仿真 [J]. 液压气动与密封，2011（11）.

[40] 王伟，张文信，韩夫亮. 电液比例节流阀动态特性的试验研究 [J]. 机床与液压，2011（3）.

[41] 黄浩，周渊，陈奎生，等. 双喷嘴挡板电液伺服阀主要参数的优化 [J]. 武汉科技大学学报，2011（16）.

[42] 冯靖，彭光正. 先导式比例流量阀控制系统的建模和仿真 [J]. 机床与液压，2007（1）.

[43] 许梁，杨前明. 现代电液控制技术的应用与发展 [J]. 现代制造技术与装备，2007（3）.

[44] 于忠斌，姜雪. 电液比例阀用控制器的研究设计 [J]. 山东科技大学学报（自然科学版），2004（2）.

[45] 刘汉桥，张多，罗征国. 电液比例阀测控一体化试验系统研制 [J]. 机床与液压，2004（7）.